高等职业教育铁道运输类新形态一体化系列教材

测绘基础

李笑娜◎主编
孙玉梅◎主审

中国铁道出版社有限公司

2024年·北京

内 容 简 介

本书为高等职业教育铁道运输类新形态一体化系列教材之一。全书共分 3 个模块,设置了 7 个项目、30 个任务、13 个实训。全书带领学习者认识测绘,了解测绘的基本工作,掌握测量坐标系;介绍了全站仪与水准仪以及角度测量、距离测量、高程测量的基本方法;介绍了测量误差的基本知识、导线控制测量的布设与计算等。

本书实践性强,具有理实一体的特点。本书既可以作为高等职业院校铁道工程类、测绘地理信息类专业的教材,也可以作为相关专业技术人员的参考用书。

图书在版编目(CIP)数据

测绘基础 / 李笑娜主编. — 北京:中国铁道出版社有限公司, 2024.9
高等职业教育铁道运输类新形态一体化系列教材
ISBN 978-7-113-31248-0

Ⅰ. ①测… Ⅱ. ①李… Ⅲ. ①工程测量-高等职业教育-教材 Ⅳ. ①TB22

中国国家版本馆 CIP 数据核字(2024)第 099914 号

书　　名:**测绘基础**
作　　者:李笑娜

策　　划:陈美玲
责任编辑:陈美玲　　　编辑部电话:(010)51873240　　　电子邮箱:992462528@ qq. com
封面设计:刘　莎
责任校对:王　杰
责任印制:高春晓

出版发行:中国铁道出版社有限公司(100054,北京市西城区右安门西街 8 号)
网　　址:http://www.tdpress.com
印　　刷:河北燕山印务有限公司
版　　次:2024 年 9 月第 1 版　2024 年 9 月第 1 次印刷
开　　本:787 mm×1 092 mm　1/16　印张:11.5　字数:273 千
书　　号:ISBN 978-7-113-31248-0
定　　价:35.00 元

前　言

通过"测绘基础"课程的学习，学生应掌握现代测绘所需的基本概念、基本理论、基本知识、基本数据处理方法；熟练操作全站仪、水准仪等常用的测量仪器设备；获得从事测绘工作必备的角度测量、距离测量、高程测量、导线测量等基本测绘技能。本书落实立德树人根本任务，融入创新精神、劳动精神、劳模精神和工匠精神，旨在培育具有新时代测绘工匠精神的高素质测绘技术技能人才。

本书内容围绕工程测量员基本岗位能力需求，以学生为主体，结合职业教育教学特点及学生的学习规律，按照课前导学、课堂实施、课后延学三步组织学习。在课前导学中，通过设置引导问题引发学生思考，提升学习主动性，巩固学习效果。在课后延学中，通过课后的思考与练习检测学习效果；通过知识加油站拓展学生知识面，实施分层次教学，通过融入相应测量规范与标准开设实训项目，提升学生实践能力。本书融入了课程思政元素，旨在培养学生职业能力与职业素养。本书共分3个模块、7个项目、30个任务，其中设置了13个实训，实训内容可通过扫描书中二维码自行下载。

本书由石家庄铁路职业技术学院李笑娜担任主编，由石家庄铁路职业技术学院孙玉梅担任主审。具体编写分工如下：项目一～项目二由石家庄铁路职业技术学院张梦媛、李孟山共同编写，项目三由石家庄铁路职业技术学院李向月编写，项目四由石家庄铁路职业技术学院孙亮编写，项目五由李笑娜、石家庄铁道大学赵军华共同编写，项目六由石家庄铁路职业技术学院王鹏生编写，项目七由石家庄铁路职业技术学院刘排英编写。

在本书编写过程中，得到了许多同仁的大力支持，在此一并表示感谢。由于编者水平有限，书中难免有不足之处，敬请读者批评指正。

编　者
2024 年 8 月

目 录

模块一 走进测绘

模块二 测量基本工作

模块三 控制测量

模块一

走进测绘

项目一　测量学任务与作用

🧰 项目导入

　　当今时代，社会信息化不断进步和发展，人们对地球空间位置及其属性信息的需求不断增加，社会经济、政治、文化、环境及军事等众多方面，要求提供精度满足需要、实时性更好、范围更大、形式更多、质量更好的测绘产品。从打开手机点外卖到打开地图 App 查导航，从网购下单收快递到预约网约车和共享单车……不知不觉间，位置、地图等地理信息与我们的衣食住行已密不可分。联合国教育、科学及文化组织（以下简称联合国教科文组织）的有关文献表明，人类活动 80% 的信息与地理位置有关。在信息化时代，我们应该如何获取地理信息呢？对地球表面进行测量是获取地理信息的主要手段。

🏛 素养园地

　　测绘是社会发展中不可或缺的一部分。通过测绘工作，人们可以对土地、资源、环境等方面进行准确的评估和规划，为国家和地区的经济发展和社会进步提供重要的支持和保障。中国自古领土十分广阔，山川河流众多，地形地貌复杂多样。中国古人在人类地图绘制的历史中，留下了浓墨重彩的一笔，山川、河流、城市，都被记录下来。最具代表性的宋代《禹迹图》，利用"计里画方"绘制地图，以每一百里折为图上一方。"计里画方"是中国古代地图绘制中一种传统的绘图方法，是在地图上按一定的比例关系绘成方格网，并以此来控制地图上各要素的方位和距离，其制图原理是将地表面视为平面，将地表面的各类要素利用方格网控制，按一定比例（如"每方折地百里""方括十里"等）缩制到地图平面上。这种方法始于晋代名臣裴秀，时至今日，仍是现代地图的根本，有学者将它称为与古希腊地理学家托勒密相并列的世界地图先驱。

　　《禹迹图》是我国现存最早的石刻地图之一，原石有两块，分别保存在陕西西安的碑林和江苏镇江的焦山碑林中。《禹迹图》长、宽各一米多，每方折地百里，横方七十一，竖方七十三，总共五千一百一十方，其中水系、海岸尤接近现今地图的形状。所绘内容十分丰富，行政区名有三百八十个，标注名称的河流近八十条，标名的山脉有七十多座，标名的湖泊有五个。《禹迹图》在水系线条的刻绘上，使用了以粗细表示上源到下游的不同特征，黄河、长江等大水系，主流突出，分级明确，河流线条刻绘的清秀光滑，上细下粗变化自然，清晰流畅，反映出流水由小变大、河面由窄变宽的实地情况。此图为研究中国地图学史提供了珍贵的资料，其历史价值和科学意义很受后人重视，英国研究中国科学技术史的学者李约瑟在《中国科学技术发展史》中，称此图是"当时世界上最杰出的地图，是宋代制图学家的一项最大成就"。

任务一 认识测量学

素质目标	通过了解测绘的产生与发展，培养"技能取之于生活，用之于生活"的理念
知识目标	1. 掌握测量学的定义； 2. 了解测量学的发展史，以及相关学科的知识
技能目标	1. 能掌握测量在现代生活中的应用； 2. 会使用信息化手段获取测量专业知识

课前导学

1-1测量学的定义

引导问题1：地理空间信息使山有多高、水有多深、湖泊面积有多大、海岸线有多长等这些问题都得到了回答；在日常生活中，电子导航地图不仅为物流行业或移动出行平台提供了技术支持，也为公众提供了一体化、智能化的出行服务，极大地方便了公众的生活。以小组为单位，讨论在生产和生活中有哪些地方用到了地理空间信息？

答：

引导问题2：我国的基础设施建设不断取得重大成就，在强化交通运输效率、促进经济发展等方面都产生了深远而积极的影响，它还大幅提升了人们的生活品质，使我们的日常出行及工作更为便捷与舒适。这背后少不了工程人的付出，请思考"大国工匠"需要具有哪些优秀品质？

答：

课堂实施

子任务1：测量学的定义

1. 早期定义

赫尔默特对测量学的定义是测定和描述地球表面的科学。

2. 当前定义

测量学是研究地球的形状和大小，以及确定地表物体的空间位置（大小、形状、位置），并对空间位置信息进行处理、储存、管理的科学。测量学的实质是确定地面点的空间位置（定位）。地表物体分为地物和地貌，总称为地形。

（1）地物：是指地面上各种有形物（如山川、森林、建筑物等）和无形物（如省界、县界等）的总称，泛指地球表面上相对固定的物体。

（2）地貌：是地球表面各种形态的总称，也称为地形，如山地、平原、谷地。

引导问题：公元前27世纪建设的埃及金字塔，其形状与方向都很准确，说明当时已有放样的工具和方法。中国两千多年前的夏商时代，为了治水开始了水利工程测量工作……请查阅资料，分析测量学产生的原因及其发展过程。

答：

子任务2：测量学的地位和作用

1. 测量学的地位

测量的应用范围非常广阔，在国民经济建设方面，测绘信息是国民经济和社会发展规划中重要的基础信息之一。

1-2测量学的
地位和作用

2. 测量学的作用

测绘工作常被人们称为工程建设的"尖兵"，工程师的"眼睛"，它的服务和应用范围包括城建、地质、交通、房地产管理、水利电力、航天和国防等。

（1）城镇化建设离不开测量。为推进城镇化的建设与发展，须加强统筹规划与指导，首要工作是测量现势性好的地形图，获取村镇面貌的动态信息，为城乡建设提供支撑。

（2）资源勘察与开发离不开测量。地球蕴藏着丰富的自然资源，而资源勘察离不开地图的引导。地质图、地貌图、矿藏分布图的绘制，都需要测量技术的支持。

（3）交通运输、水电建设离不开测量。铁路公路的建设从选线、勘测设计，到施工建设及后续的运营，都离不开测量。大、中水利水电工程建设也是先在地形图上选定河流渠道、水库和水电站的位置，划定流域面积，再测得更详细的地图（或平面图）作为河渠布设、水库及坝址选择、库容计算和工程设计的依据。

（4）国土空间规划离不开测量。为保证国民经济持续发展，要摸清土地概况，解决耕地减少、生态功能退化、空间布局和结构不合理等问题，而测绘为这些工作提供了有效的工具。

引导问题1：测绘地理信息成果成了经济普查、国土调查、污染源普查、人口普查等重大国情调查的有力支撑，且有力推动了政府治理数字化改革。基于地理位置、导航定位的空间数据服务，有力促进了现代物流、自动驾驶、共享经济等新产业快速发展。请根据你掌握的知识，分析总结测绘为各行业的发展提供了哪些产品或者资料？

答：

引导问题 2：打开手机应用软件，可以通过卫星定位系统轻松找到空闲泊车位；浏览实景三维平台可以点击楼层查看属性信息……请结合已有知识，谈谈地理信息还可以和哪些行业或应用结合，这样做有什么好处？

答：

子任务 3：测量学的发展与展望

1-3测量学的发展展望

1. 地理信息 + 交通：无人驾驶渐行渐近

从过去的纸质地图，到现在的手机导航，虽然只是地图形式的进化史，却深刻改变着人们的生产与生活方式。

场景 1：基于 5G（第五代移动通信技术）和自动驾驶技术的 5G 无人驾驶清扫车，不仅可以在无人驾驶的状态下自动行驶，还可以按照既定路径对路面进行自动清扫，并对清扫结果进行自动评价。

场景 2：无人配送车在高精度地图技术的支持下，可以通过自主定位和导航，准确地停靠在配送点，实现点对点物流配送。

2. 地理信息 + 健康：改变只是开始

街头有人突发心脏病时，如何在短时间内抢救患者？呼叫救护车后，如何解决路上拥堵等问题？

场景：利用地理信息数据开发的一款软件，只要接到抢救电话，就会立即呼叫患者所在位置附近的志愿者和相关救助机构，在救护车抵达之前对患者实施抢救。

地理信息 + 健康运行模式如图 1-1-1 所示。

图 1-1-1　地理信息 + 健康运行模式

3. 地理信息＋农业：助力智慧农业

随着无人机技术的发展，农业无人机在农作物健康、水分应用、土壤分析等方面发挥着重要作用，帮助人们更好地管理农作物，助力智慧农业。

场景：无须人工遥控飞行，无须设定农药喷洒量，无须规划飞行路线，未来的农用无人机将有"自己的智慧大脑"，这幅未来"智慧农业"的图景得益于地理信息与人工智能的深度融合。

4. 地理信息＋城市管理：给城市一个智慧大脑

看得到潜在危险，嗅得出纹丝变化……地理信息不仅能让城市管理更精细，还能让城市管理更智慧。

场景 1：应用地理信息技术的城市智能中枢每 2 min 就可对城市道路交通状况进行一次扫描，实时感知在途交通量、延误指数、拥堵指数、快速路车速等 7 项生命指标，并对可能发生突变的交通拥堵进行预警，极大地提高了城市的交通体验和交通管理部门的管理效率。

场景 2：通过对卫星观测影像数据的分析和深度学习建设模型，可以掌握一个城市的规划发展和运行规律，甚至能预测未来的发展趋势。

5. 地理信息＋土木工程：使工程建设更精确、更可靠

计算机和网络通信技术已经普遍应用于测绘工作，实现了测量内外作业的一体化、数据获取及处理的自动化、测量过程控制和系统行为的智能化（如图 1-1-2 所示的隧道断面自动扫描系统）、测量成果和产品的数字化、测量信息管理的可视化、信息共享和传播的网络化，从而使工程建设精确、可靠、快速、简便、连续、动态、实时。

 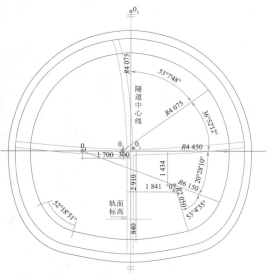

图 1-1-2　隧道断面自动扫描系统（单位：mm）

📃 课后延学

随着空间科学、信息科学的飞速发展，全球卫星导航系统（GNSS）、遥感（RS）、地理信息系统（GIS）技术（总称为 3S 技术）已成为当前测绘工作的核心技术。测量学的发展是不断满足人类生产生活需求的过程，同时测量通过与其他行业结合才能更广泛地、更好地发挥其作用，这对你今后的学习或工作有什么启发？

思考与练习

选择题(多选):

1. 利用现代测量技术,在城市管理中的应用有( )。

    A. 规划公共设施   B. 监测交通状况

    C. 城市路网制图   D. 智能导航

2. 在工程建设中,测量技术可以应用于( )。

    A. 工程控制测量   B. 轨道监测系统

    C. 隧道断面自动扫描系统   D. 城市建设与管理

3. 可以利用( )技术结合工程项目,在勘测、设计、施工管理一体化方面发挥重大作用。

    A. 全球卫星导航系统   B. 遥感

    C. 地理信息系统技术   D. 电子通信技术

4. 测量学在( )方面发挥着重要的作用。

    A. 城镇化建设   B. 资源勘察与开发

    C. 交通运输和水电建设   D. 国土空间规划

5. 资源勘察中离不开地图,利用测量技术可以进行( )的绘制。

    A. 地质图   B. 地貌图   C. 矿藏分布图   D. 水文地质图

判断题:

1. 计算机和网络通信技术可以应用于工程建设中。   ( )

2. 3S技术已成为当前测绘工作的核心技术,可实现对各种空间信息的快速、准确、可靠的收集、处理与更新。   ( )

3. 利用遥感和地理信息技术,可以分析农作物的健康状况。   ( )

知识加油站

测绘学有着悠久的历史,古代的测绘技术起源于水利和农业。古埃及尼罗河每年洪水泛滥,淹没了土地界线,水退以后需要重新划界,从而开始了测量工作。公元前2世纪,中国司马迁在《史记·夏本纪》中叙述了禹受命治理洪水的情况:"左准绳,右规矩,载四时,以开九州,通九道,陂九泽,度九山"。人类大约用了2 000年的时间,才大体搞清楚地球上海陆的轮廓,又花费了300年的时间才测绘出陆地的30%。20世纪上半叶,航空摄影测量只用了50年的时间就测绘了陆地的70%,而20世纪下半叶,卫星遥感、全球定位系统、地理信息系统和卫星通信网络等一系列高新技术的进步,已经彻底改变了地图的生产过程。"奋进号"载人航天飞船只用了11 d的时间就获取了覆盖全球80%的图像数据。

伴随着网络技术、地理信息系统、卫星定位系统等现代科学技术的发明,测绘技术也发生了翻天覆地的变化,现代化测绘技术不断出现新手段、新设备、新策略,数据采集效率不断提升,应用范围也不断扩展,逐步实现了测绘信息化的飞跃。

任务二　了解测量学的分类

素质目标	通过了解测量学的分类，可自己进行职业规划，提升专业认同感
知识目标	熟悉测量学分类，熟悉不同领域的测量应用
技能目标	能识别不同测量学科的任务与作用

课前导学

1-4测量学的分类

引导问题 1：测绘是一门十分专业和复杂的学科，它既"高冷"又"亲民"。国家重大工程项目建设、国家自然资源管理、智慧城市建设、应急监测、乡村振兴等都有测绘提供保障。请以小组为单位在国家地理信息公共服务平台(天地图)查找并展示自己美丽的家乡。

答：

引导问题 2：文化遗产保护需要复杂的科学研究工作，客观全面地记录并表达遗存的空间信息，一直是考古信息记录的热点和难点。让文化遗产活起来，测绘地理信息技术在其中发挥了重要作用。请查阅资料，思考测绘在古建筑、古文物修复中是如何发挥作用的。

答：

课堂实施

子任务：测量学的分类

测量学与科学技术和社会的进步关系密切，并随之不断发展，其内容和研究对象不断丰富。按研究对象和范围的不同，测量学可分为以下几类，如图 1-2-1 所示。

图 1-2-1　测量学的分类

大地测量学——研究和确定地球形状、大小、重力场、整体与局部运动和地表面点的几何位置以及它们变化的理论和技术的学科。

地形测量学——研究如何将地球表面局部区域内的地物、地貌及其他有关信息测绘成地形图的理论、方法和技术的学科。

摄影测量与遥感学——对非接触传感器系统获得的影像及其数字表达进行记录、量测和解译，从而获得自然物体和环境的可靠信息的一门工艺、科学和技术。

工程测量学——研究在工程建设的设计、施工和管理各阶段中进行测量工作的理论、方法和技术。

地图制图学——研究模拟和数字地图的基础理论、设计、编绘、复制的技术、方法以及应用的学科。

海洋测绘学——研究以海洋水体和海底为对象的学科，包括：海洋大地测量、海底地形测量、海道测量、海洋专题测量等。

测量仪器学——研究测量仪器的制造、改进和创新的学科。

引导问题："多测合一"是指对工程项目建设阶段所涉及的测量工作实现"一次委托，统一测绘，成果共享"。请查阅资料，了解"多测合一"的改革背景、意义和目的。

答：

📺 课后延学

测量学的发展离不开测量理论的进展和测绘仪器的发明创新。17 世纪出现了望远镜、经纬仪、水准仪、平板仪等仪器，使控制测量和地形测量的精度得到提高。电磁波测距仪的发明促进了远程精密测距的实现。电子计算机的发明，使测绘仪器、测量作业、测量数据处理和制图逐步实现了自动化。随着美国的 GPS、俄罗斯的 GLONASS、欧盟的 GALILEO、我国的北斗等卫星导航系统的建立，卫星定位 GNSS 接收机已成为测量的主要仪器之一。请以小组为单位，查阅相关资料，讨论测量仪器的发展历程，以及测量仪器对测量学的发展发挥了怎样的作用？

🔍 思考与练习

选择题(单选)：

1. 测量仪器学是研究测量仪器( )的学科。

    A. 制造　　　　　　B. 改进　　　　　　C. 创新

2. 海洋测绘学以( )为研究对象。

    A. 绿潮　　　　　　B. 海洋水体和海底　C. 大气　　　　　　D. 水文

简答题：

1. 请简要介绍地图制图学的研究内容。

2. 你知道的测量仪器有哪些?

3. 测绘有哪些分支学科?

知识加油站

工程测量学为工程建设提供测绘保障,满足工程建设各阶段的各种需求。在工程勘测设计阶段,提供设计所需要的地形图等测绘资料,为工程的勘测设计、初步设计和技术设计服务;在施工建设阶段,主要是施工放样测量,保证施工的进度、质量和安全;在运营管理阶段,则是以工程健康监测为重点,保障工程的安全高效运营。

按工程建设的进行程序,工程测量可分为规划设计阶段的测量、施工兴建阶段的测量和竣工后的运营管理阶段的测量。规划设计阶段的测量主要是提供地形资料,取得地形资料的方法是在所建立的控制测量的基础上进行地面测图或航空摄影测量。施工兴建阶段的测量的主要任务是按照设计要求在实地准确地标定建筑物各部分的平面位置和高程,并将其作为施工的依据。一般要求先建立施工控制网,再根据工程的要求进行各种测量工作。竣工后的运营管理阶段的测量包括竣工测量及监视工程安全状况的变形观测与维修养护等测量工作。

任务三　掌握测量工作任务

素质目标	通过了解测定与测设在工程建设中的重要作用,激发专业学习的主动性
知识目标	1. 掌握测定与测设的定义与区别; 2. 了解测定与测设的目的与作用
技能目标	能辨别工程建设不同阶段中测定和测设的作用

课前导学

引导问题:铁路、公路在建造之前,为了确定一条最经济合理的路线,事先必须进行该地带的测量工作,由测量的成果绘制带状地形图,在地形图上进行线路设计,然后将设计路线的位置标定在地面上以便进行施工。请思考,线路建设过程中哪些阶段用到了测定和测设?

答:

课堂实施

子任务：测量工作的任务

测量的实质就是确定地面点与点的相对位置关系。对于相对位置关系的确定有两种情况：一种情况是点与点的相对位置在地面是已知的，需要通过测量用图或坐标表示出来；另一种情况是点与点的位置关系在图上已设计好（如桥梁），需要把它的位置在地面确定下来，以便进行施工建设。

1-5测量工作任务

测量的主要任务有两个方面：测定和测设。

1. 测定

测定（图 1-3-1）是指运用测量仪器和方法，通过测量和计算获得地面点的测量数据，或者把地球表面的地形按一定比例缩绘成地形图，以便供科学研究、重大工程建设和规划设计使用，即从地面到图纸的工作。

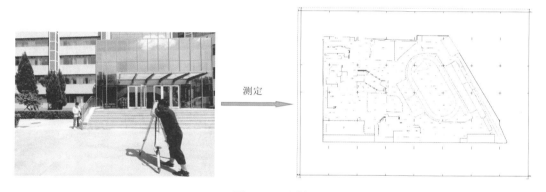

图 1-3-1　测定

2. 测设

测设（图 1-3-2）是指将设计好的建筑物和构筑物的位置用测量仪器和测量方法在地面上标定出来作为施工的依据，即从图纸到地面的工作。无论是测定还是测设，测量工作的实质都是确定地面点位。

图 1-3-2　测设

📺 课后延学

三峡水电站是世界上规模最大的水电站之一，也是中国有史以来建设最大型的工程项目之一。三峡工程建成后，其巨大库容所提供的调蓄能力能使下游荆江地区抵御百年一遇的特大洪水，也有助于洞庭湖的治理和荆江堤防的全面修补。从首个钻孔到坝址选定、从工程测量到安全监测、从反复论证到开工建设……三峡工程的测绘工作持续时间长、测绘类别多、工程规模大、技术难度高，是巨型水电工程测量的标志性工程。请查阅资料，以小组为单位，总结三峡工程中测绘工作有哪些？

🔍 思考与练习

填空题：

1. 测量工作的实质是_____。

2. 测量的主要任务有_____和_____。

判断题：

1. 测设又称为放样。   （   ）

2. 无论是测定还是测设，测量工作的实质都是确定地面点位。   （   ）

简答题：

简述测定和测设有何区别。

💻 知识加油站

从 1905 年秋京张铁路开始施工，至 1909 年建成通车。在工程施工阶段，工程人员应用现代科技绘制了符合时代要求的铁路地图。其中，如实反映京张铁路地图测绘水平的地图是《京张铁路工程纪略》中的《京张铁路图》和《京门枝路平面式》。《京张铁路图》是一幅铁路工程地图，是用简约的线条和符号绘制的京张铁路线路，图上图向、比例尺和图例等要素俱全，与现代地图几乎相同。这幅地图充分吸收了西方新式绘图和工程测绘的方法，同时继承了中国传统地图中的优秀因素。工程测绘人员务实求真高效地绘制地图，也是京张铁路工程修建的一个缩影。

项目二　测量学的基本知识

项目导入

认识地球是人类探索自然的目标之一，也是测量学的任务之一。地球表面是一个不规则的曲面，有高山、平原、丘陵、陆地表面水域和海洋等，绝大多数测量工作是在地球表面上进行的。在测量工作中，通常用地理坐标或平面直角坐标来表示投影位置，用高程表示地面点到大地水准面的距离。

素养园地

大地原点，亦称大地基准点，是国家地理坐标——经纬度的起算点和基准点。建立大地原点，是为了确定中国基础测绘的统一大地坐标系，作为一切定位、定向等基础地理信息数据的基础，满足经济发展和国防建设的基本需要。新中国成立伊始，中国并没有自己的大地原点，也就没有统一的大地测量基准，无法确定领土、领海的准确经纬度，很多地方采用的是局部假定坐标系，各地之间的地图难以拼接，使得中国的经济发展与国防建设等受到极大影响，因此迫切需要建立统一的大地坐标系。

中华人民共和国成立初期，引用苏联的大地原点，从列宁格勒的普尔科夫天文台起算，参考椭球是克拉索夫斯基椭球，将苏联 1942 年建立的坐标系统，逐级传递、引测到中国，建立起国家统一的"1954 年北京坐标系"。这与中国的建设和发展极不相称，因为这个"1954 年北京坐标系"是把远在万里之外的苏联的大地原点延伸过来后建立的坐标系，因此在测绘过程中会造成很大的误差，同时该坐标系与中国的地形地貌不贴近，极大地影响到经济发展。

1978 年 4 月在西安召开全国天文大地网平差会议，确定重新定位，建立我国新的坐标系，为此有了 1980 年国家大地坐标系。1980 年国家大地坐标系采用的地球椭球基本参数为 1975 年国际大地测量与地球物理联合会第十六届大会推荐的数据。该坐标系的大地原点设在我国中部的陕西省泾阳县永乐镇，位于西安市西北方向约 60 km，故称 1980 年西安坐标系，1980 年国家大地坐标系的建立是中国测绘事业独立自主的象征。

任务一 认识地球

素质目标	1. 通过对地球形状的认识，培养科学思维； 2. 培养学习的主动性、创新意识
知识目标	1. 了解地球的形状和大小； 2. 掌握大地水准面和参考椭球面的概念
技能目标	通过查阅资料，能利用信息化手段获取专业知识

课前导学

2-1认识地球

引导问题：地球表面大部分被海洋、海湾和其他咸水体覆盖，也被湖泊、河流和其他淡水体覆盖着，它们共同构成了水圈，习惯上把海水面包围的地球形体看作地球的形状。为了研究地球的形状和大小，世界各国通常以旋转椭球体代表地球的形状，称为地球椭球。请以小组为单位，查阅资料，总结国际上关于地球椭球的定义有哪些？

答：

课堂实施

子任务 1：地球的形状和大小

地球的自然表面是不规则的，有高山、深谷、丘陵、平原、江湖、海洋等，地球陆地上海拔最高的珠穆朗玛峰(图 2-1-1)高出海平面 8 848.86 m。地球最深的马里亚纳海沟(图 2-1-2)低于海平面约 11 000 m。二者的相对高差约 20 km，与地球的平均半径 6 371 km 相比，是微不足道的。就整个地球表面而言，陆地面积仅占 29%，而海洋面积占了 71%。因此，我们可以把地球的整体形状看成是被静止的、封闭的海水所包围的球体。

图 2-1-1 珠穆朗玛峰

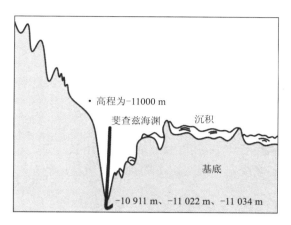

图 2-1-2　马里亚纳海沟剖面

引导问题：以小组为单位，了解古今中外，人类对地球形状的认识历程。

答：

子任务 2：认识大地水准面

设想将一个静止的海水面扩展延伸，使其穿过大陆和岛屿，形成一个封闭的曲面，称作水准面。水准面有无穷多个，其中与平均海水面相吻合的水准面称为大地水准面。由大地水准面所包围的形体称为大地体。通常用大地体来代表地球的真实形状和大小。水准面与铅垂线如图 2-1-3 所示。水准面与地球自然表面如图 2-1-4 所示。

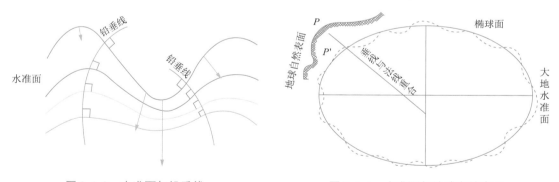

图 2-1-3　水准面与铅垂线　　　　　　图 2-1-4　水准面与地球自然表面

引导问题：由于受到潮汐、风、温度等因素的影响，海水并不是静止不动的，为了获取平均海水面，我国在青岛大港码头建立一个验潮站，请查阅资料，了解验潮站如何确定平均海水面。

答：

子任务 3：认识参考椭球

大地水准面虽然比地球的自然表面要规则得多，但仍不能用一个数学公式表示出来。为了便于计算测绘成果，须选择一个大小和形状与大地水准面极为接近且表面能用数学公式表达的几何形体来代替大地体，即参考椭球（旋转椭球），如图 2-1-5 所示。

参考椭球的大小可采用长半轴 a 和短半轴 b，或由长半轴和扁率 $f = (a - b)/a$ 来决定。表 2-1-1 中列出了几个著名的椭球体。

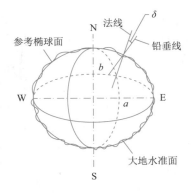

图 2-1-5   参考椭球

表 2-1-1   几个著名的椭球体

椭球体名称	长半轴 a(km)	扁率 f	备 注
克拉索夫斯基椭球	6 378 245	1:298.3	中国 1954 年北京坐标系采用
1975 国际椭球	6 378 140	1:298.257	中国 1980 年国家大地坐标系采用
GRS80 椭球	6 378 137	1:298.257 222 101	2000 国家大地坐标系（CGCS2000）

由于参考椭球的扁率很小，在小区域的普通测量中可将地（椭）球看作圆球，其半径 $R = (a + a + b)/3 = 6\ 371$ km。

引导问题： 各国测绘科技工作者，都希望选择的椭球元素更适合本国地形情况，请以小组为单位，查阅资料，探索中国采用过哪个参考椭球？对测量成果有什么影响？

答：

📺 课后延学

由物理学可知，地球表面上任一质点同时受到地球引力和地球离心力的作用，二者的合力称为重力，重力的作用线称为铅垂线。地球的表面以海水为主，每个水分子在重力的作用下，形成一个重力等位面（在该面上各点，处处与点的重力方向垂直），这个面称为水准面。在地球表面上，通过任何高度的点都有一个水准面，因而水准面有无数个。以小组为单位，讨论水准面和大地水准面的区别与联系。

🔍 思考与练习

填空题：
地球陆地上海拔最高的珠穆朗玛峰高出海平面_____ m。
选择题（单选）：
1. 大地水准面可定义为（   ）。
   A. 处处与重力方向相垂直的曲面   B. 通过静止的平均海水面的曲面

C. 把水准面延伸包围整个地球的曲面　　D. 地球大地的水准面

2. 下面关于水准面描述正确的是(　　　)。

A. 水准面是平面，有无数个　　　　B. 水准面是曲面，只有一个

C. 水准面是曲面，有无数个　　　　D. 水准面是平面，只有一个

判断题：

1. 地球的自然表面是不规则的。　　　　　　　　　　　　　　　　　　(　　)

2. 测量工作是在地球表面进行的。　　　　　　　　　　　　　　　　　(　　)

3. 地球形状和大小，使用参考椭球的长半轴、短半轴、扁率来表示。　(　　)

任务二　掌握测量坐标系

素质目标	1. 通过对高斯投影特点的学习，培养科学精神； 2. 通过测量内外业基准面、基准线的区别，培养认真细致、精益求精的工作作风
知识目标	1. 理解测量内外业的基准面、基准线； 2. 掌握大地坐标、高斯投影坐标的概念； 3. 掌握高差的概念
技能目标	1. 会计算高斯投影分带与中央子午线； 2. 会计算两点高差

课前导学

引导问题： 高斯—克吕格投影是由德国数学家、物理学家、天文学家高斯于 19 世纪 20 年代拟定，后经德国大地测量学家克吕格于 1912 年对投影公式加以补充，故因此得名，又名等角横切椭圆柱投影，是地球椭球面和平面间正形投影的一种。请问在我国 6°、3°高斯投影后的带号有什么特点？根据高斯投影坐标如何确定几度分带？如何计算距离中央子午线的实际距离？

答：

课堂实施

子任务 1：认识测量的基准线和基准面

1. 外业测量的基准面、基准线

外业测量的基准面是描述地球形状的一个重要物理参考面，也是绝对高程的起算面。大地水准面是外业测量的基准面，而与其相垂直的铅垂线则是外业测量的基准线，如图 2-2-1 所示。

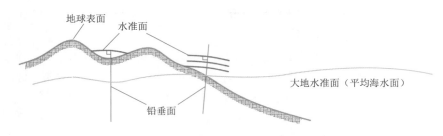

图 2-2-1　外业测量的基准面、基准线

2. 内业计算的基准面、基准线

参考椭球面是内业计算的基准面，而与其相垂直的法线则是内业计算的基准线，如图 2-1-5 所示。

引导问题：天文经纬度是使用天文测量的方法直接测定的，而大地经纬度是根据大地测量所得的数据推算得到的。地面上一点的天文坐标和大地坐标之所以不同，是因为各自依据的基准面和基准线不同。请思考，两者依据的基准面和基准线分别是什么？

答：

子任务 2：测量坐标系

对于地面点的位置，须用坐标和高程三维量来确定。坐标表示地面点投影到基准面上的位置，高程表示地面点沿投影方向到基准面的距离。根据不同的需要，可以采用不同的坐标系和高程系。

2-2测量坐标系（一）　　2-3测量坐标系（二）

1. 地理坐标

以参考椭球面为基准面，地面点沿椭球面的法线投影在该基准面上的位置称为该点的大地坐标，如图 2-2-2 所示。对于该坐标，可用大地经度 L 和大地纬度 B 来表示。天文地理坐标又称天文坐标，表示地面点在大地水准面上的位置，它的基准是铅垂线和大地水准面，可用天文经度 λ 和天文纬度 ϕ 来表示。

2. 高斯平面直角坐标

（1）高斯投影。当测区范围较大时，要建立平面坐标系就不能忽略地球曲率的影响，为了解决球面与平面的矛盾，必须采用地图投影的方法将球面上的大地坐标转换为平面直角坐标。我国采用的是高斯投影，高斯投影是一种等角横切椭圆柱投影。

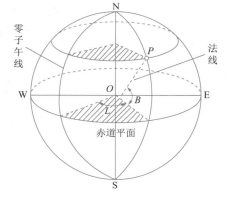

图 2-2-2　大地坐标

（2）分带投影。为了对变形加以控制，测量中采用限制投影区域的办法，即将投影区域限制在中央子午线两侧一定的范围内，这就是所谓的分带投影。分带投影的投影带一般分为 6°带和 3°带两种（图 2-2-3）。

2-4高斯投影

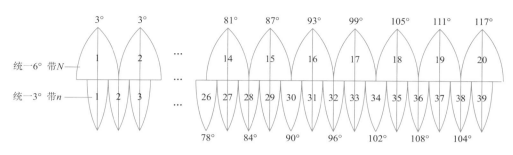

图 2-2-3　6°带投影和 3°带投影

① 6°带投影从英国格林尼治起始子午线开始，自西向东每隔经差 6°分为一带，将地球分成 60 个带，其编号分别为 1，2，…，60。计算每带的中央子午线经度(L_6)的公式如下：

$$L_6 = (6N - 3)°\tag{2-2-1}$$

式中，N 为 6°带的带号。

② 3°带投影是在 6°带投影的基础上划分而来的。计算每带的中央子午线经度(L_3)的公式如下：

$$L_3 = 3°n\tag{2-2-2}$$

式中，n 为 3°带的带号。

（3）高斯平面直角坐标系。通过高斯投影，将中央子午线的投影作为纵坐标轴，用 x 表示，将赤道的投影作为横坐标轴，用 y 表示，将两轴的交点作为坐标原点，由此构成的平面直角坐标系称为高斯平面直角坐标系。

（4）高斯通用坐标。我国位于北半球，东西横跨 11 个 6°带，各带又独自构成直角坐标系。因此我国的高斯平面直角坐标系 x 值均为正，而 y 值则有正有负。这对计算和使用均不方便，因此我们习惯以 y 坐标为正值，即将实际坐标变为通用坐标（图 2-2-4）。具体计算方法如下：

①将自然值的横坐标 y 加上 500 000 m。

②在新的横坐标 y 之前标以 2 位数的带号。

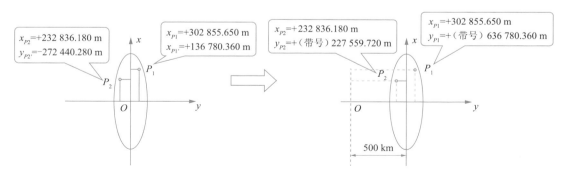

图 2-2-4　实际坐标与通用坐标变换

3. 独立平面直角坐标

在小区域内进行测量时，用经纬度表示点的平面位置十分不便。理论分析表明，如果把局部椭球面(一般为 10 km² 以内)看作一个水平面,则其对距离的影响可忽略不计,且对角度的影响除极其精密的测量工作外也可忽略。因此,可以在过测区中心点的切平面上建立独立平面直角坐标系,如图 2-2-5 所示,纵轴为 x 轴,横轴为 y 轴,构建左手坐标系。

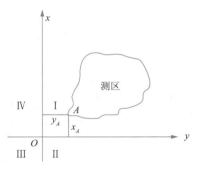

图 2-2-5 平面直角坐标系

计算案例 1:我国主要领土位于东经 72°~136°,共包括了 11 个 6°投影带,即 13~23 带;21 个 3°投影带,即 25~45 带。成都位于 6°带的第 18 带,请计算其中央子午线经度为多少?

解:

根据式(2-2-1)可得

$$L = (6 \times 18 - 3) = 105°$$

计算案例 2:如图 2-2-6 中,P_1、P_2 点均位于第 19 带,其自然坐标 $y'_{P1} = +189\ 672.8$ m,$y'_{P2} = -105\ 374.6$ m,则求其通用坐标 y_{P1} 和 y_{P2}?

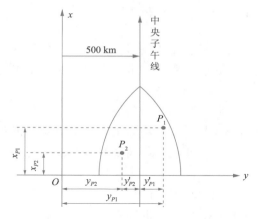

图 2-2-6 高斯平面直角坐标系

解:

$$y'_{P1} + 500\ 000 = 689\ 672.8 \text{ m}$$
$$y'_{P2} + 500\ 000 = 394\ 625.4 \text{ m}$$

由于,P_1、P_2 点均位于第 19 带,因此在横坐标值前冠以带号,得到

$$y_{P1} = 19\ 689\ 672.8 \text{ m}$$
$$y_{P2} = 19\ 394\ 625.4 \text{ m}$$

引导问题 1:测量坐标系和数学坐标系是两种不同的坐标系,它们在测量和数学领域有着不同的应用。测量坐标系主要用于实际测量和定位的需求,与实际对象的位置和方向直接关联;而数学坐标系主要用于数学计算和分析,与实际对象无直接关联。请以小组为单位,讨论分析测量坐标系和数学坐标系的区别和联系。

答:

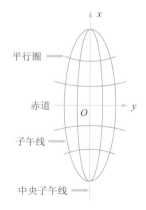

引导问题 2：高斯分带投影的目的是限制长度变形，请根据图 2-2-7 分析高斯投影变形的特点。

答：

图 2-2-7 高斯投影示意

子任务 3：认识地面点的高程

1. 绝对高程

在一般的测量工作中，都以大地水准面作为高程起算的基准面。因此，地面任一点沿铅垂线方向到大地水准面的距离称为该点的绝对高程或海拔，简称高程，用 H 表示。如图 2-2-8 所示，图中的 H_A、H_B 分别表示地面上 A、B 两点的高程。

2-5地面点的高程

2-6高程系统

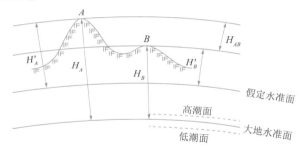

图 2-2-8 地面点的高程

2. 相对高程

当测区附近暂无国家高程点可联测时，可临时假定一个水准面作为该区的高程起算面。地面点沿铅垂线至假定水准面的距离为该点的相对高程或假定高程。图 2-2-7 中的 H'_A、H'_B 分别为地面上 A、B 两点的假定高程。

3. 高差

地面上两点之间的高程之差称为高差，用 h 表示。例如，A 点至 B 点的高差可写为

$$h = H_B - H_A = H'_B - H'_A \tag{2-2-3}$$

由式(2-2-3)可知，高差有正有负，并用下标注明其方向。在土木工程中，将绝对高程和相对高程统称为标高。

引导问题：2020 年 5 月 27 日，珠穆朗玛峰高程测量首次使用我国自主研发的北斗卫星导航系统进行高精度定位，用卫星定位测量的高程是大地高程，在实际工程建设中也会应用正常高。正高、正常高和大地高三者是如何定义的？它们之间的关系如何？请画图说明。

答：

课后延学

我国先后建立了两个高程基准，1956 黄海高程系与 1985 国家高程基准，在青岛观象山建立了中华人民共和国水准原点，它是我国高程的起算点，请查阅资料了解这两个高程基准，并认识水准原点。

思考与练习

填空题：

1. 测量外业的基准面是_____。
2. 大地坐标系用_____和_____表示。

选择题(单选)：

1. 相对高程是由(   )起算的地面点的高度。
   A. 大地水准面   B. 任意假定水准面
   C. 水平面   D. 竖直面
2. 如果 A、B 两点的高差 h_{AB} 为正，则说明(   )。
   A. A 点比 B 点高
   B. B 点比 A 点高
   C. h_{AB} 的符号不取决于 A、B 两点的高程，而取决于首次假定

判断题：

1. 野外测量的基准面和基准线分别是参考椭球面和法线。   (   )
2. 处理测量成果的基准面和基准线分别是水准面和铅垂线。   (   )
3. 测量外业工作的基准线是铅垂线。   (   )
4. 测量内业工作的基准面是大地水准面。   (   )

任务三　掌握测量工作的基本原则和内容

素质目标	1. 通过测量的四项基本原则，培养科学严谨的工作态度； 2. 通过查阅规范，树立规范意识
知识目标	1. 掌握测量工作的基本原则； 2. 熟悉测量工作的基本内容
技能目标	1. 能在测绘工作中遵守测量基本原则； 2. 会通过查阅规范解决问题

课前导学

引导问题：我国幅员辽阔，为建立全国统一的高程和平面基准，采取分等控制的办

法，在全国建立国家基本控制点，这些基本控制点是测绘工作的基础与依据，请查阅《工程测量标准》（GB 50026—2020）（以下简称《测量标准》），了解工程测量常用的平面和高程控制网等级。

答：

2-7测量工作的
基本原则和内容

课堂实施

子任务 1：测量工作的基本原则和内容

在测量过程中，由于受到各种条件的影响，无论采用何种方法、使用何种测量仪器，其成果都会含有误差。因此在实际测量作业中，必须遵循一定的原则。

1. 测量工作的基本原则

①在布局上"由整体到局部"。

②在精度上"由高级到低级，分级布网，逐级控制"。

③在程序上"先控制后碎部"。

为保证测量计算结果的可靠性，应遵循"步步检核，第一步检核不合要求，决不做第二步"的原则。

2. 测量工作的基本内容

（1）控制测量

控制测量是指测定测区内若干个具有控制意义的控制点的平面位置和高程，并将其作为测绘地形图或施工放样的依据。

（2）碎部测量

碎部测量是指以控制点为依据，测定控制点至碎部点（地形的特征点）之间的水平距离、高差及其相对于某一已知方向的角度，进而确定碎部点的位置。按一定的比例尺将这些碎部点位标绘在图纸上，即可绘制成图。图 2-3-1 为测量的程序。

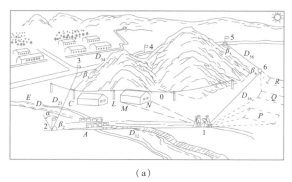

（a）

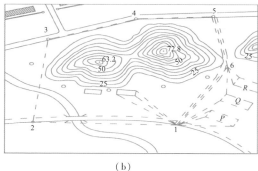

（b）

图 2-3-1　测量的程序

引导问题：测量工作是以团队为单位开展的，测量过程离不开测量仪器与设备，请思考测量工作有哪些特点？

答：

课后延学

无论是测定还是测设，在测量过程中，为了减少误差的累积，保证测区内所测点的必要精度，首先应在测区内选择若干对整体具有控制作用的点，组成控制网。请思考控制网在测量工作中发挥着什么作用？

思考与练习

填空题：

1. 地形图测绘工作的程序，第一步为＿＿＿＿＿＿，第二步为＿＿＿＿＿＿。目的是可以减少＿＿＿＿＿＿，保证＿＿＿＿＿＿，而且可以分幅测绘，加快测图进度。

2. 测量工作在程序上遵循"＿＿＿＿＿＿＿＿＿＿"的原则进行。

3. 不论外业还是内业工作，都应遵循"＿＿＿＿＿＿＿＿＿＿，第一步检核不合要求，决不做第二步"。

判断题：

测量人员应养成爱护仪器、正确使用仪器的良好习惯。　　　　　　　　　（　　）

任务四　了解用水平面代替水准面的限度

素质目标	1. 培养自主、探索、合作的学习方式； 2. 培养自我学习和钻研的科学精神和态度
知识目标	1. 了解地球曲率对水平距离、水平角、高差的影响； 2. 了解水平面代替水准面引起的误差
技能目标	1. 能掌握测量常用单位及换算； 2. 能掌握在实际测量工作中使用水平面代替水准面的范围

课前导学

引导问题：为了简化测量计算和绘图工作，减少许多不必要的问题，当测区范围不大时，常用过测区中心点的大地水准面的切平面（即水平面）来代

2-8用水平面代替水准面的限度

替大地水准面，但由于大地水准面是曲面，若用水平面代替曲面，地球曲率对测量结果的影响有哪些？

答：

课堂实施

子任务 1：了解地球曲率对水平距离的影响

水准面是一个曲面，曲面上的图形投影到平面上会产生一定的变形。实际上，如果把一小块水准面当作平面，其产生的变形不超过测量和制图误差的容许范围时，就可在局部范围内用水平面代替水准面，简化测量和绘图工作。

如图 2-4-1 所示，A、B、C 是地面点，它们在大地水准面上的投影点分别是 a、b、c，用该区域中心点的切平面代替大地水准面后，地面点在水平面上的投影点分别是 a'、b' 和 c'。

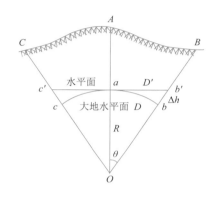

图 2-4-1　水平面代替水准面对测距影响

设 A、B 两点在水准面上的距离为 D，在水平面上的距离为 D'，两者之差 ΔD 为用水平面代替水准面所引起的距离差异。将大地水准面近似地视为半径为 R 的球面，则有

$$\Delta D = D' - D = R(\tan\theta - \theta) \tag{2-4-1}$$

已知

$$\tan\theta = \theta + \frac{1}{3}\theta^3 + \frac{2}{15}\theta^5 + \cdots \tag{2-4-2}$$

因 θ 角很小，故只取前两项，代入式（2-4-2），考虑 $\theta = D/R$，则用水平面代替水准面所引起的距离差异为

$$\Delta D = \frac{D^3}{3R^2} \tag{2-4-3}$$

故水平面代替水准面对距离的影响为

$$\frac{\Delta D}{D} = \frac{D^2}{3R^2} \tag{2-4-4}$$

式中，$\Delta D/D$ 称为相对误差，用 $1/M$ 形式表示，M 愈大，精度愈高。

取地球半径 $R = 6\,371$ km，以不同的距离 D 代入式（2-4-3）中，得到表 2-4-1 所示的结果。

表 2-4-1　水平面代替水准面引起的距离误差

D（km）	10	20	50	100
ΔD（cm）	0.82	6.6	102.6	821.2
$\Delta D/D$	1/1 220 000	1/300 000	1/49 000	1/12 000

从表2-4-1中可知，当 $D = 10$ km 时，所产生的相对误差为1∶1 220 000，在测量中，最精密的距离测量容许误差为其长度的1/1 000 000。因此，在半径为 10 km 的圆面积之内进行距离测量时，可以用水平面代替水准面，而无须考虑地球曲率对距离的影响。

子任务2：了解地球曲率对水平角的影响

如果把水准面看作近似球面，则野外实测的水平角应为球面角，其3点构成的三角形应为球面三角形。用水平面代替水准面之后，就变成用平面角代替球面角、用平面三角形代替球面三角形。因为球面三角形3个内角之和大于180°，所以代替的结果必然产生角度误差。

如图2-4-2所示，MN 平面为与测区中央点的铅垂线正交的水平面，设球面三角形 $A'B'C'$ 沿铅垂线方向投影在测区的水平面 MN 上，其投影为平面三角形 ABC。若球面三角形，3个角之和为 $180° + \varepsilon$（ε 为球面角超），则其计算公式为

$$\varepsilon = \frac{P}{R^2} \rho'' \tag{2-4-5}$$

式中，P 为球面三角形的面积（以 km² 为单位）；R 为地球半径（取 6 371 km）；$\rho'' = 206'265''$。

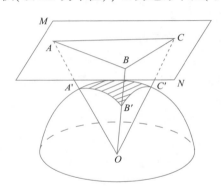

图 2-4-2   水平面代替水准面对水平角影响

在测量工作中，实测的是球面面积，而绘制成图时需要计算绘成平面图形的面积。由式(2-4-5)可知，只要知道球面三角形的面积 P，就可以求出 ε 值。可以看出 ε 为用水平面代替水准面时3个角的角度误差之和，则每个角的角度误差 $\Delta\alpha = \dfrac{\varepsilon}{3}$，故有

$$\Delta\alpha = \frac{P}{3R^2} \rho'' \tag{2-4-6}$$

用不同的面积代入式(2-4-6)，其具体影响见表2-4-2。

表 2-4-2   用水平面代替水准面在角度方面引起的误差

面积 P（km²）	10	100	1 000	10 000
角度误差 $\Delta\alpha$（″）	0.02	0.17	1.69	16.91

从表2-4-2所列数值可以看出，用水平面代替水准面产生的角度误差是很小的。面积为 1 000 km² 时产生的角度误差不到2″，远小于普通经纬仪的测角误差（地形测量中常用的 J6 经纬仪本身精度为 ±6″）。因此，在几百平方千米的小面积地形测量中，完全可以不考

虑用水平面代替水准面在角度方面的影响。

子任务3：了解地球曲率对高差的影响

如图2-4-3所示，地面点 B 的高程应是铅垂距离 bB，用水平面代替水准面后，B 点的高程为 $b'B$，两者之差 Δh，即对高程的影响，由图2-4-3得出

$$\Delta h = bB - b'B = Ob' - Ob = R\sec\theta - R = R(\sec\theta - 1)$$

$$\sec\theta = 1 + \frac{\theta^2}{2} + \frac{5\theta^4}{24} + \frac{61\theta^6}{720} + \cdots$$

$$\Delta h = \frac{D^2}{2R} \tag{2-4-7}$$

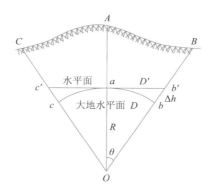

图 2-4-3　水平面代替水准面对高差影响

用不同的距离代入式(2-4-7)，得到表2-4-3所示的结果。

表 2-4-3　水平面代替水准面引起的高程误差

距离 D（km）	0.1	0.2	0.3	0.4	0.5	1	2	5	10
$\triangle h$（mm）	0.8	3	7	13	20	78	314	1 962	7 848

从表2-4-3中可以看出，用水平面代替水准面对高程的影响是很大的，距离为 1 km 时，就有 8 cm 的高程误差，这是不允许的。就高程测量而言，即使距离很短，用水准面作为测量的基准面时，必须考虑地球曲率对高程的影响。

引导问题：以小组为单位，根据水平面代替水准面的影响结果，分析在测绘实际工作中，有哪些注意事项？

答：

📖 课后延学

学习测量常用度量单位后，了解到测量过程中有时要将°、′、″转化为弧度，或将弧度转化°、′、″。习惯上我们分别以 $\rho°$、ρ'、ρ'' 表示1弧度对应的°、′、″值。请以小组为单位，思考

度与弧度之间如何相互转换? 并写出计算公式。

🔍 思考与练习

选择题(单选):

1. 地球曲率对高差的影响的大小与(　　　)成正比。

　　A. 高程　　　　　　B. 距离　　　　　C. 距离的立方　　　D. 距离的平方

2. 地球曲率对高差的影响(　　　)。

　　A. 不必考虑　　　　B. 必须考虑　　　C. 酌情考虑

判断题:

1. 任何情况下, 都要考虑地球曲率对水平距离的影响。　　　　　　　　　　(　　)

2. 在半径为 10 km 的圆范围内, 用水平面代替水准面不考虑地球曲率对距离的影响。

　　　　　　　　　　　　　　　　　　　　　　　　　　　　　　　　　　(　　)

3. 6°20′20″换算成秒为 22 820″。　　　　　　　　　　　　　　　　　　(　　)

简答题:

为什么在高程测量中必须考虑地球曲率的影响?

模块二
测量基本工作

项目三　角度测量

项目导入

角度测量是工程测量、大地测量等领域中重要的测量方法，其主要目的是确定任意两个点之间的水平角度或方向角度，以便绘制地图或按图纸指导工程施工。角度测量是测量的三项基本工作之一。角度测量分为水平角测量和竖直角测量，测角使用的主要仪器是光学经纬仪、电子经纬仪以及全站仪。本项目主要内容是角度测量原理、全站仪的认识与使用、水平角与竖直角观测、角度测量误差来源以及应对措施等内容。

素养园地

优秀毕业生李士栋 2005 年毕业于石家庄铁路职业技术学院工程测量技术专业，目前于中铁十八局担任项目经理。曾参与主持兰新公路×标大坂山隧道进口项目、青海省倒淌河至共和高速公路×标柳梢沟隧道项目、花久公路×标雪山一号隧道项目。其中参与主持修建的雪山一号隧道，建成时是世界上已经通车的海拔最高的高速公路隧道，解决了在高寒地区多年冻土层上修建隧道的世界性难题。曾荣获多项荣誉称号，成为诞生"中国速度"的铁路线上的一颗螺丝钉。

一届届的毕业生在岗位上秉持着"艰苦奋斗，志在四方"的信念，不仅要求我们专业素养、专业技能应不断增长，更指引我们追求职业理想的确立、职业操守的规范和工匠精神的铸就。他们用实际行动告诉我们新时代职业教育发展的美好前景在召唤我们，我们要以建设现代化交通强国为己任，以奋斗姿态不负时代，不负华年。

任务一 认识水平角和竖直角

素质目标	1. 通过角度测量在工程建设中的作用，提升专业认同感； 2. 培养"自主、探索、合作"的学习方式
知识目标	1. 掌握水平角与竖直角的概念； 2. 掌握角度测量的原理
技能目标	1. 能利用水平角和竖直角的概念计算两方向间的角度； 2. 能根据水平角、竖直角的概念正确区分两者之间的区别

课前导学

引导问题： 以小组为单位，查阅工程测量案例，了解角度测量在工程建设中的作用有哪些？有什么具体应用？

答：

课堂实施

3-1认识水平角

子任务1：认识水平角

地面上某点 O 到两个目标点 A、B 的方向线在水平面 H 上垂直投影形成的夹角，称为水平角。也可以认为是空间两条相交直线在水平面投影之间的夹角。

如图 3-1-1 所示，点 O 与目标点 A、B 的方向线 OA、OB，在水平面 H 上的垂直投影为 oa、ob，水平面上形成的夹角 $\angle aob$，即为点 O 与目标点 A、B 形成的水平角，记为 β，水平角的范围为 $0° \sim 360°$。

对于水平角的测量，假设在角顶点 O 的铅垂线方向上选任意位置 O'，在 O' 处设置一水平

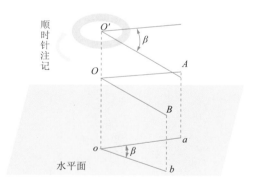

图 3-1-1 水平角原理

的、顺时针方向的 $0° \sim 360°$ 分划刻度圆盘，使得刻度盘的中心正好位于过点 O 的铅垂线上。

在图 3-1-1 中，设点 O 与目标点 A、B 的方向线在水平盘上的投影读数分别为 a、b，则水平角 $\beta = b - a$，即右目标读数减去左目标读数。

计算案例： 参照图 3-1-1 的水平角原理，点 O 与目标点 A 在水平度盘的读数为 $23°35'46''$，点 O 与目标点 B 在水平度盘的读数为 $89°42'12''$，则目标点 O 与点 A 和点 B 之间的水平角是多少？

解： 目标点 O 与点 A 和点 B 之间的水平角记为 β，则有

$$\beta = 右目标读数 - 左目标读数 = 89°42'12'' - 23°35'46'' = 66°06'26''$$

引导问题：结合图 3-1-1 的水平角原理，以小组为单位，讨论点 O 在铅垂线的不同位置，最后所得与目标点 A、B 之间的水平角会有不同结果吗？请画图说明理由。

答：

子任务 2：认识竖直角

竖直角：在同一个铅垂面内，某一方向线的视线方向与水平线形成的夹角，称为竖直角，也称垂直角，一般用 α 表示，如图 3-1-2 所示。

竖直角是由水平线起算，位于水平线之上的视线形成的竖直角为正值，称为仰角（$\alpha > 0$）；位于水平线之下的视线形成的竖直角为负值，称为俯角（$\alpha < 0$）。竖直角的范围为 $-90° \sim +90°$。

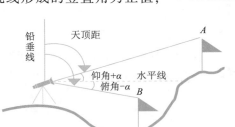

3-2认识竖直角

天顶距：方向线或者视线与铅垂线向上方向（天顶方向）的夹角，一般用 Z 表示，取值范围为 $0° \sim 180°$。

竖直角与天顶距应满足关系：

$$Z_A + \alpha_A = 90° \qquad (3\text{-}1\text{-}1)$$

图 3-1-2　竖直角原理

如图 3-1-3 所示，对于竖直角的测量，假设在目标点 B 上设置一竖直的、$0° \sim 360°$ 分划刻度圆盘，使得刻度盘的中心正好位于过点 B 的铅垂线上。在图 3-1-3 中，设点 B 与目标点 A、C 的方向线与水平线之间的夹角分别为 $+\alpha_A$、$-\alpha_C$。

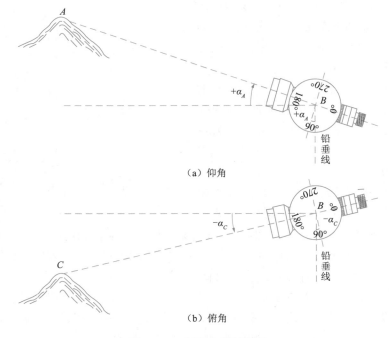

图 3-1-3　竖直角观测原理

引导问题：以小组为单位认识竖直角和天顶距，分析竖直角与天顶距的关系。

答：

课后延学

以小组为单位，分工协作，查阅资料，了解角度测量在工程施工测量中的具体应用，并思考对今后从事测量工作的启示。

思考与练习

选择题（单选）：

1. 水平角是指测站至两个目标间的夹角投影到(　　　)。

　　A. 水平面上的角值　　　　　B. 椭球面上的角值　　　　C. 大地水准面上的角值

2. 天顶距和竖直角的关系为(　　　)。

　　A. $\alpha = Z_A - 90°$　　　B. $\alpha = 90° - Z_A$　　　C. $\alpha = Z_A - 180°$　　　D. $\alpha = Z_A + 90°$

判断题：

1. 空间两条相交直线的夹角称为这两条直线间的水平角。　　　　　　　　　(　　　)

2. 竖直角是照准目标的方向线与水平面的夹角。　　　　　　　　　　　　　(　　　)

简答题：

1. 什么叫水平角？什么叫竖直角？测量它们瞄准时有什么不同？

2. 水平角、竖直角与天顶距的区别与联系？

任务二　学会使用全站仪

素质目标	1. 通过规范使用仪器，培养测量规范意识； 2. 通过分组实训，形成良好的团队协作能力
知识目标	1. 熟知全站仪的构造； 2. 掌握全站仪键盘及按键功能
技能目标	1. 能准确说出全站仪各部分的名称； 2. 能进行仪器的安置、对中、整平

3-3全站仪简介

引导问题：以小组为单位，查阅相关资料，了解全站仪在测量工作中的应用。

答：

课堂实施

子任务 1：认识全站仪

全站仪，即全站型电子测距仪，是一种随着测角自动化过程生产的光电测量仪器。全站仪是可以集测角、测距、高程、坐标测量等为一体的多功能性测绘仪器系统。不同于光学经纬仪的度盘读数和显示系统，全站仪中光电扫描已取代了传统的光学测微器，而且全站仪可以由观测者直接读数，并可自动记录观测值。

3-4全站仪的认识

3-5全站仪的基本功能

1. 各部件名称

图 3-2-1 为 NTS-36 全站仪仪器构造。

图 3-2-1　NTS-36 全站仪仪器构造

2. 键盘

图 3-2-2 为全站仪键盘示意。表 3-2-1 为按键功能。

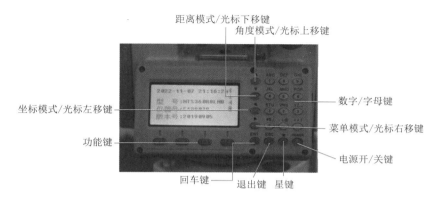

图 3-2-2　全站仪键盘示意

表 3-2-1　按键功能

按　键	键　名	功　能
★	星键模式键	进入星键模式
ANG	角度模式键	进入角度模式
DIST	距离模式键	进入距离模式
CORD	坐标模式键	进入坐标模式
MENU	菜单模式键	进入菜单模式

引导问题1：以小组为单位，通过查阅资料，了解全站仪的功能。

答：

引导问题2：对照图 3-2-3 全站仪，写出 1~25 各部件名称，并了解各部分的功能。

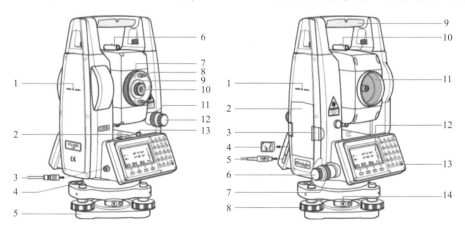

图 3-2-3　全站仪仪器构造

答：

子任务2：学会全站仪的安置与整平

1. 仪器开箱和存放

（1）开箱。轻轻地放下箱子，让其盖朝上，打开箱子的锁栓，打开箱盖取出仪器。

（2）存放。盖好望远镜镜盖，使照准部的垂直制动手轮和基座的水准器朝上，将仪器平卧（望远镜物镜端朝下）放入箱中，轻轻旋紧垂直制动手轮，盖好箱盖并关上锁栓。

3-6全站仪的安置

3-7全站仪激光
对中

3-8全站仪的粗平

3-9全站仪精平

2. 仪器的粗对中

（1）架设三脚架。将三脚架伸高到适当高度，确保3条架腿等长，打开，并使三脚架顶面近似水平且位于测站点的正上方。

（2）将仪器小心地安置到三脚架上，拧紧中心连接螺旋。

（3）调整光学对点器/激光对点器。双手握住两条架腿，平移仪器，使仪器中心大致对准测站点。

3. 仪器的粗平

利用圆水准器粗平仪器。通过调整三脚架3条架腿的长度，使全站仪圆水准器气泡居中。

4. 利用管水准器精平仪器

（1）松开水平制动螺旋，转动仪器，使管水准器平行于某一对脚螺旋1、2的连线，如图3-2-4(a)所示。按照左手法则，相对旋转脚螺旋1、2，使管水准器气泡居中。

（2）将仪器旋转90°，使其垂直于脚螺旋1、2的连线。旋转脚螺旋3，如图3-2-4(b)所示，使管水准器气泡居中。

（3）反复以上两步，直到仪器精平为止。

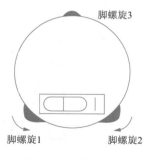
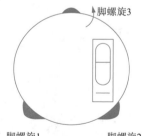

（a）相对旋转脚螺旋1、2　　　　　　（b）转动脚螺旋3

图3-2-4　精平仪器

5. 精确对中与整平

用光学对点器进行观察，轻轻微松开中心连接螺旋，平移仪器（不可旋转仪器），使仪器精确对准测站点。拧紧中心连接螺旋，再次精平仪器。此项操作重复至仪器精确对准测站点为止。

引导问题1：以小组为单位，结合图3-2-4，了解精平的过程及原理。
答：

引导问题2：以小组为单位，总结全站仪对中、整平的整个过程以及注意事项。
答：

实训1：全站仪的认识与使用。

实训1-1全站仪的
认识与使用
实训指导

实训1-2全站仪的
认识与使用
实训报告

3-10全站仪架设

3-11全站仪
观测演示

课后延学

1. 在虚拟仿真平台完成认识全站仪的练习和考核。
2. 以小组为单位了解全站仪的发展。

思考与练习

填空题：
全站仪的主要功能有 ＿＿＿＿＿＿＿＿ 、 ＿＿＿＿＿＿＿＿ 、 ＿＿＿＿＿＿＿＿＿ 和坐标测量等。

选择题(单选)：
1. 整平仪器的目的是使(　　　)。
　　A. 仪器照准部水平　　　　　　　　B. 仪器竖轴铅垂
　　C. 仪器水平度盘水平　　　　　　　D. 仪器水准管气泡居中
2. 正常情况下，仪器整平后，不一定处于水平位置的是(　　　)。
　　A. 横轴　　　　B. 视准轴　　　　C. 管水准轴　　　　D. 水平度盘
3. 点击全站仪操作键盘的[ANG]键进入(　　　)模式。
　　A. 测角　　　　B. 测距　　　　C. 测坐标　　　　D. 菜单
判断题：
1. 使用管水准器精平全站仪时，气泡一次居中即可。　　　　　　　　(　　　)

2. 观测水平角时，望远镜照准部瞄准目标点所在铅垂线上的不同高度的点，对观测结果无影响。　　　　　　　　　　　　　　　　　　　　　　　　　　　（　　）

简答题：

测水平角时对中的目的是什么？整平的目的是什么？

📖 **知识加油站** -

全站仪使用时的注意事项：

（1）三角基座

三角基座（图3-2-5）的锁紧螺钉在出厂时是紧锁着的，首次使用仪器前请松开此螺钉。在仪器进行长途运输前需将此螺钉锁紧。

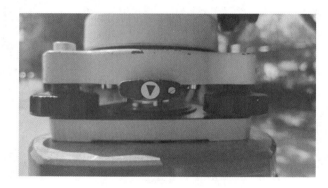

图3-2-5　三角基座

（2）电池使用

①为确保仪器的防尘性、防水性，务必正确地合上电池护盖，套好数据输出插口和外接电源插口护套；

②确保电池护盖和插口内部干燥、无尘，否则会损坏仪器；

③关闭仪器箱前，应确保仪器和箱内干燥，以防仪器由于锈蚀而损坏；

④取下电池前务必先关闭电源开关；

⑤仪器装箱前应取下电池，并参照相关要求将仪器装入仪器箱内。

（3）其他

①当仪器从温暖的地方移至寒冷的地方操作时，由于内部空气与外界存在温差，可能导致键盘操作粘连，此时请先打开电池盖，放置若干时间；

②严禁将仪器直接置于地面上，避免沙土损坏中心螺旋或螺孔；

③观测太阳时必须使用阳光滤色镜，否则会造成仪器内部件损坏；

④防止仪器受到强烈的冲击或震动；

⑤迁站时必须将仪器从三脚架上取下。

任务三　学会水平角测量

素质目标	1. 通过水平角内业计算与检核，培养严谨细致的测量规范意识； 2. 通过水平角测量实训，培养小组之间团结协作、吃苦耐劳的精神
知识目标	1. 掌握水平角观测的两种方法以及使用条件； 2. 了解两种测量水平角方法的区别
技能目标	1. 能熟练使用仪器完成水平角测量； 2. 能检核水平角测量成果

课前导学

3-12测回法　　　　3-13全站仪测角　　　　3-14方向观测法

引导问题：水平角观测时，精度越高，要求的测回数越多，仪器的精度要求也越高，请查阅《测量标准》，了解不同等级的角度测量所需的测回数，除了测回数还有哪些限差要求？

答：

课堂实施

子任务 1：学会测回法测角

用正镜和倒镜分别观测两个方向之间的水平角的方法，称为测回法。测回法适用于观测只有两个目标方向的水平角单角测量。

3-15测回法原理　3-16测回法观测值　　3-17测回法
　　　　　　　记录以及检核　　（虚拟仿真）

如图 3-3-1 所示，设仪器置于 O 点，地面两个目标为 A、B，使用测回法测量目标方向线 OA、OB 之间的水平角 $\angle AOB$。

使用测回法观测水平角 $\angle AOB$ 实施过程如下：

1. 测回法实施与数据记录

第一步：在点 O 处安置好仪器，完成对中、整平工作，在 A、B 两点安置观测目标。

第二步：上半测回（盘左），测角状态首先处于盘左位置，用望远镜瞄准目标 A，配置

水平度盘读数接近 $0°00'00''$，读取度盘读数为 $a_左$，记录在表3-3-1 中①处；松开照准部制动螺旋，顺时针转动照准部，瞄准目标 B，读取度盘读数 $b_左$，记录在表3-3-1 中②处，得到上半测回的角值 $\beta_左 = b_左 - a_左$，记录在表3-3-1 中③处，即为盘左位置的水平角角值。

图3-3-1　水平角观测示意

第三步：下半测回(盘右)，测角状态处于盘右位置，用望远镜瞄准目标 B，读取度盘读数为 $b_右$，记录在表3-3-1 中④处；松开照准部制动螺旋，逆时针转动照准部，照准目标 A，读取度盘读数 $a_右$，记录在表3-3-1 中⑤处，得到上半测回的角值 $\beta_右 = b_右 - a_右$，记录在表3-3-1 中⑥处，即为盘右位置的水平角角值。

第四步：检核并计算一测回角值。两个半测回角值之差不超过规定限值时，取盘左、盘右所得角值的平均值，即 $\beta = (\beta_左 + \beta_右)/2$，为一测回的角值，记录在表3-3-1 中⑦处。

表3-3-1　测回法观测记录一

日期：　　　　　　　　　仪器型号：　　　　　　　　观测：
天气：　　　　　　　　　仪器编号：　　　　　　　　记录：

测站	目标	竖盘位置	水平度盘读数 (° ′ ″)	半测回角值 (° ′ ″)	一测回角值 (° ′ ″)	备注
O	左	A	①	③	⑦	
	右	B	②			
O	左	A	④	⑥		
	右	B	⑤			

上下半测回合称一个测回。根据测角精度的要求，可以测多个测回，取其平均值，作为最后成果。观测结果应及时记入表3-3-1 中，并进行计算，看是否满足精度要求，超过限差则需要重测。

2. 观测数据计算与检核

(1)盘左、盘右观测可检核观测中有无错误，亦可抵消一部分仪器误差的影响，提高观测精度。

(2)上、下半测回角值较差的限差应满足有关测量规范的限差规定，当较差小于限差，可取平均值作为一测回的角值，否则应重测。

(3)若精度要求较高时，可按规范要求测多个测回，当各测回间的角值较差满足限差规定时，方可取各测回的平均值作为最后结果，否则应重测。要求各测回间在起始方向的盘左镜位改变度盘位置，其变化量为 $180°/n(n$ 为测回数)。

(4)计算角值时始终为右目标读数 – 左目标读数(由于水平度盘为顺时针刻划)，所谓左右是指站在测站点面向所要测的角度方向，左手侧目标为左目标，右手侧目标为右目标。若右 – 左 $<0°$ 时，则结果应加 $360°$。

计算实例：

测回法观测记录数据见表 3-3-2。

表 3-3-2　测回法观测记录二

日期：　　　　　　　　　　　仪器型号：　　　　　　　　　　　观测：
天气：　　　　　　　　　　　仪器编号：　　　　　　　　　　　记录：

测回	测站	目标	竖盘位置	水平度盘读数 (° ′ ″)	半测回角值 (° ′ ″)	一测回角值 (° ′ ″)	平均角值 (° ′ ″)	备注
1	O	左	A	0 00 18	114 34 48			
			B	114 35 06		114 34 54		
		右	A	180 00 12	114 35 00		114 34 52	
			B	294 35 12				
2	O	左	A	90 00 12	114 34 54			
			B	204 35 06		114 34 51		
		右	A	270 00 18	114 34 48			
			B	24 35 06				

引导问题 1：测回法观测水平角，有哪些限差要求，按照"步步有检核"的原则，在观测与记录时应注意什么？

答：

引导问题 2：在角度测量时，盘左盘右观测分别是上下半测回，这样做的目的是什么？

答：

实训 2：测回法测角。

实训2-1测回法　　实训2-2测回法　　3-18全站仪测回法　　3-19方向观测法　　3-20方向法仪器　　3-21方向观测法
角实训指导　　　　测角实训报告　　　　　　　　　　　　观测值记录　　　　使用　　　　　　（虚拟仿真）
　　　　　　　　　　　　　　　　　　　　　　　　　　　以及检核

子任务 2：学会方向观测法测角

当在一个测站上需要观测 2 个及以上角度时，宜采用方向观测法（全圆观测法）。它的直接观测结果是各个方向相对于起始方向的水平角值，也称为方向值。相邻方向的方向值之差，就是相应的水平角值。

如图 3-3-2 所示，设在 O 点有 OA、OB、OC、OD 四个方向，方向观测法实施程序为：

1. 方向观测法实施与数据记录

（1）在 O 点安置仪器，对中、整平。

（2）选择一个距离适中且影像清晰的方向作为起始方向，设为 OA。

（3）盘左（正镜）：照准 A 点，将水平度盘配置在 $0°00'00''$ 或稍大于 $0°$ 的位置。由零方向 A 起始，按顺时针依次精确瞄准各点读数 $A\to B\to C\to D\to A$（即所谓全圆），并记入表 3-3-3 的相应栏内，A 方向两次读数差称为半测回归零差，限差可以查阅相关技术要求，若半测回归零差未超限，则可继续下半测回，否则该半测回须重测，以上为上半测回。

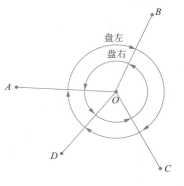

图 3-3-2　方向观测法示意

（4）盘右（倒镜）：倒转望远镜 $180°$，按逆时针顺序依次精确瞄准各点读数，其顺序为 $A\to D\to C\to B\to A$。将读数记入表 3-3-3 中，若半测回归零差未超限，则可继续，否则该半测回须重测，以上为下半测回。

表 3-3-3　方向观测法记录

日期：　　　　　　　　仪器型号：　　　　　　　　观测：

天气：　　　　　　　　仪器编号：　　　　　　　　记录：

测回序数	测站	目标	水平度盘读数		2c (″)	平均方向值 (° ′ ″)	归零方向值 (° ′ ″)	各测回归零方向值之平均值 (° ′ ″)
			盘左 (° ′ ″)	盘右 (° ′ ″)				
1	O	A	0 00 12	180 00 10	+2	(0 00 13) 0 00 11	0 00 00	
		B	51 15 54	231 15 52	+2	51 15 53	51 15 40	
		C	131 54 24	311 54 16	+8	131 54 20	131 54 07	
		D	182 02 36	2 02 36	0	182 02 36	182 02 21	
		A	0 00 16	180 00 14	+2	0 00 15		
		半测回归零差	+4	+4				
2		A	90 00 08	270 00 12	−4	(90 00 10) 90 00 10	0 00 00	0 00 00
		B	141 15 53	321 15 52	+1	141 15 52	51 15 42	51 15 41
		C	221 54 22	41 54 18	+4	221 54 20	131 54 10	131 54 08
		D	272 02 32	92 02 32	+1	272 02 32	182 02 22	182 02 22
		A	90 00 09	270 00 09	0	90 00 09		
		半测回归零差	+1	−3				

如需观测多个测回时，为了消减度盘刻度不匀的误差，每个测回都要改变度盘的位置，即在照准起始方向时，改变度盘的设置读数，为使读数在圆周及测微器上均匀分，其变化量为 $180°/n$（n 为测回数）。

2. 观测结果计算与检核

方向观测法中计算工作较多，在观测及计算过程中尚需检查各项限差是否满足规范要求（各项限差见表 3-3-4）。现结合《测量标准》将有关名词及计算方法加以介绍。

方向观测法的技术要求见表 3-3-4。

表 3-3-4　方向观测法的技术要求

等　　级	仪器型号	半测回归零差(″)	一测回内 2c 互差(″)	同一方向值各测回较差(″)
四级及以上	0.5″级仪器	3	5	3
	1″级仪器	6	9	6
	2″级仪器	8	13	9
一级及以下	2″级仪器	12	18	12
	6″级仪器	18	—	24

注：当某观测方向的垂直角超过 ±3° 的范围时，一测回内互差 2c 可按相邻测回同方向进行比较，比较值应满足表 3-3-4 中一测回内互差 2c 的限值。

半测回归零差：即上、下半测回中零方向两次读数之差（$a_左 - a'_左$；$a_右 - a'_右$）。若归零差超限，说明全站仪的基座或三脚架在观测过程中可能有变动，或者是对 A 点的观测有错，此时该半测回须重测；若未超限，则可继续下半测回。

2c：在一个测回中，同一方向水平度盘的盘左读数与盘右读数（±180°）之差称为 2c（两倍视准差）。

各测回同方向 2c 值互差：在一测回内，最大 2c 与最小 2c 的差值，反映了方向观测中的偶然误差，应不超过一定的范围。

平均方向值：各测回中同一方向盘左和盘右读数的平均值，平均方向值 = 1/2［盘左读数 +（盘右读数 ±180°）］。

归零方向值：将各个方向（包含起始方向）的平均数减去起始方向的平均读数，即得到各个方向的归零方向值。

各测回归零方向值之平均值：各测回的归零方向值可以进行比较，如果同一目标方向的方向值在各测回中的互差未超过允许值，取各测回中每个归零方向值的平均值作为相应方向的水平角。

引导问题 1：以小组为单位讨论，总结方向观测法测水平角的观测程序，并画图说明。

答：

引导问题 2：查阅《测量标准》，了解一级导线、二级导线水平角观测时对于 2c 值的要求，思考判断 2c 值互差超限的原因。

答：

实训 3：方向观测法测角。

实训3-1方向观测法测角实训指导

实训3-2方向观测法测角实训报告

3-22全站仪方向法

💻 **课后延学**

1. 实训前以小组为单位在虚拟仿真系统完成测回法和方向观测法测水平角的学习任务；

2. 在虚拟仿真系统完成全站仪方向观测法和测回法测水平角的观测程序，正确填写记录表。

🔍 **思考与练习**

选择题(单选)：

1. 用盘左、盘右两个盘位测角可消除(　　　)。
   A. 度盘分划不均匀的误差　　　　　　B. 仪器度盘偏心的误差
   C. 仪器竖轴倾斜的误差　　　　　　　D. 仪器对中偏心的误差

2. 在一个测站上同时有三个以上方向需要观测时，则水平角的观测应采用(　　　)。
   A. 测回法　　　　　　B. 复测法　　　　　　C. 方向观测法

3. 全圆测回法(又称方向观测法)观测中应顾及的限差有(　　　)。
   A. 半测回归零差　　　　　　　　　　B. 二倍照准差
   C. 各测回间归零方向值之差　　　　　D. 以上三个都是

4. 多测回观测水平角时，各测回间要求变换水平度盘位置是为了(　　　)。
   A. 减少度盘分划误差的影响　　　　　B. 减少度盘偏心差的影响
   C. 改变零方向　　　　　　　　　　　D. 减少度盘带动误差的影响

简答题：

使用全站仪进行方向观测法测角时，观测到的角度值是两方向线间的水平角吗?

任务四　学会竖直角测量

素质目标	1. 通过竖盘指标差计算与检核，培养精益求精的精神； 2. 通过竖直角测量实训，培养团队精神和劳动精神
知识目标	1. 掌握竖直角的原理； 2. 掌握竖直角的观测程序
技能目标	1. 能够查阅规范判断竖直角测量过程中竖盘指标差是否超限； 2. 会竖直角测量与计算

课前导学

3-23竖直角计算　　3-24竖直角观测
程序

引导问题 1：用三角高程测量的原理获取地面点的高程或水平距离时，需要测量竖直角，请查阅资料，了解不同等级三角高程测量的技术要求。

答：

引导问题 2：在建筑测量领域，竖直角的测量非常重要。竖直角指的是地面上两点和目标物的交点形成的直角，这个角度通常用于估算高度和距离。探讨如何正确测量竖直角，以便在建筑测量工作中得到准确的数据。

答：

课堂实施

1. 认识竖盘结构

与水平度盘一样，竖盘也是全圆 360°分划，不同之处在于其注字方式有顺、逆时针之分，且 0°~180°的对径线位于水平方向。图 3-4-1 为竖盘示意。

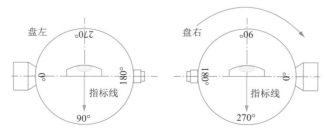

图 3-4-1　竖盘示意

竖盘系统包括竖直度盘（竖盘）、竖盘指标水准管和竖盘指标水准管调节螺旋。竖直度盘固定在横轴的一端，随望远镜一起在竖直面内转动，在正常状态下，视线水平时与竖盘刻划中心在同一铅垂线上的竖盘读数应为 90°或 270°。

竖直角观测与水平角一样，都是依据度盘上两个方向读数之差来实现的；不同之处在于竖直角的两个方向中，必有一个方向是水平线。以顺时针注记为例，水平方向竖盘指标指示的读数是一个固定值：即90°或者270°。竖直角观测只需要照准倾斜目标，读取竖直度盘读数，根据公式计算即可得到竖直角。

（1）如图 3-4-2 所示，盘左位置且视线水平时，竖盘读数为90°，视线向上倾斜照准高处 A 点，得到读数 L，因仰视竖角为正，故盘左时竖角公式为

$$\alpha_{左} = 90° - L \tag{3-4-1}$$

（2）如图 3-4-3 所示，盘右位置且视线水平时，竖盘读数为270°，视线向上倾斜照准高处 A 点，得到读数 R，因仰视竖角为正，故盘右时竖角公式为

$$\alpha_{右} = R - 270° \tag{3-4-2}$$

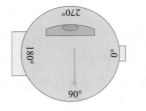 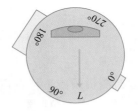

图 3-4-2　盘左竖直角测量

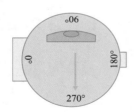 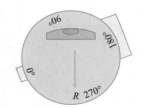

图 3-4-3　盘右竖直角测量

上、下半测回角值较差不超过规定限值时（DJ_2 为 30″；DJ_6 为 60″），取平均值作为一测回的竖直角值：

$$\alpha = \frac{\alpha_{左} + \alpha_{右}}{2} \tag{3-4-3}$$

2. 竖直角的观测与记录

在测站 O 上安置仪器，对中、整平，在测点 P、N 处安置照准目标，以 P 目标为例，竖直角观测、记录和计算步骤如下：

（1）盘左观测

盘左瞄准目标后，读取竖盘读数 L，并记入观测手簿，计算盘左的竖直角，上述观测称为上半测回。

盘左读数：$L = 60°04′30″$。

半测回竖直角：$\alpha_{左} = 90° - L = 29°55′30″$。

（2）盘右观测

纵转望远镜，盘右瞄准同一个目标，读取竖盘读数值 R，并记入表 3-4-1 中，计算盘

右的竖直角，称为下半测回。上、下半测回合称一个测回。

盘右读数：$R = 299°55'26''$。

半测回竖直角：$\alpha_右 = R - 270° = 29°55'26''$。

（3）计算竖盘指标差

竖盘指标差：$x = (\alpha_左 - \alpha_右)/2 = -2''$。

（4）计算一测回竖直角

$\alpha = (\alpha_左 + \alpha_右)/2 = 29°55'28''$。

表 3-4-1　竖直角观测记录

测站	测点	盘位	竖盘读数 (° ′ ″)	半测回竖直角 (° ′ ″)	指标差 (° ′ ″)	一测回竖直角 (° ′ ″)	备注
O	P	左	60 04 30	+ 29 55 30	− 2	+ 29 55 28	
		右	299 55 26	+ 29 55 26			
	N	左	96 18 42	− 6 18 42	− 9	− 6 18 51	
		右	263 41 00	− 6 19 00			

引导问题：根据竖盘顺时针注记的竖直角计算公式，尝试推出逆时针注记计算公式、盘左和盘右的竖直角计算公式与竖直角计算通用的公式。

答：

实训4：竖直角测量。

实训4-1竖直角　　　实训4-2竖直角
测量实训指导　　　测量实训报告

课后延学

视线水平时，竖盘读数不是恰好等于指向90°或270°，而是与90°或270°相差一个角，这个角称为竖盘指标差，竖盘指标差的正负反映了指标偏向正确读数的哪一边？请思考如何消除竖盘指标差的影响？

思考与练习

选择题（单选）：

1. 在观测竖直角时，用全站仪正倒镜观测能消除（　　　）。

　　A. 视差　　　　　B. 视准差　　　　　C. 指标差

2. 测站点 O 与观测目标 A、B 位置不变，如仪器高度发生变化，则观测结果(　　)。
　　A. 竖直角改变、水平角不变　　　　B. 水平角改变、竖直角不变
　　C. 水平角和竖直角都改变　　　　　D. 水平角和竖直角都不变

判断题：
观测同一目标，按上、下半测回竖盘读数计算的竖直角值必须相等。　　　　　　(　　)

简答题：
竖直度盘指标水准管起什么作用？

计算题：
完成表3-4-2竖直角观测记录。

表3-4-2　竖直角观测记录

测站	测点	盘位	竖盘读数 (° ′ ″)	半测回竖直角 (° ′ ″)	指标差 (° ′ ″)	一测回竖直角 (° ′ ″)	备注
O	A	盘左	75　36　20				
		盘右	284　26　24				

📖 **知识加油站** --

竖盘指标差：

竖盘指标水准管居中(或自动归零装置打开)且望远镜视线水平时，竖盘读数应为某一固定读数(如90°或270°)。但是实际上往往由于竖盘水准管与竖盘读数位置关系不正确或自动归零装置存在误差，竖盘指标不指向正确位置，使视线水平时的读数与应有读数存在一个微小的角度误差 x，称为竖盘指标差。

以顺时针注记为例，因指标差的存在，竖直角的正确值计算如下(设指标偏向注字增加的方向)：

盘左(图3-4-4)为

$$\alpha = 90° - (L - x) = \alpha_左 + x \tag{3-4-4}$$

盘右(图3-4-5)为

$$\alpha = (R - x) - 270° = \alpha_右 - x \tag{3-4-5}$$

竖直指标差的计算

$$x = (L + R - 360°)/2 \tag{3-4-6}$$

一测回竖直角

$$\alpha = [(\alpha_左 + x) + (\alpha_右 - x)]/2 = (\alpha_左 + \alpha_右)/2 \tag{3-4-7}$$

式(3-4-7)是按顺时针注记的竖盘推导公式，递时针方向注记的公式可类似推出。

由式(3-4-4)～式(3-4-6)可知：

(1)竖盘指标差 x 本身有正负号，一般规定当竖盘指标偏移方向与竖盘注记方向一致

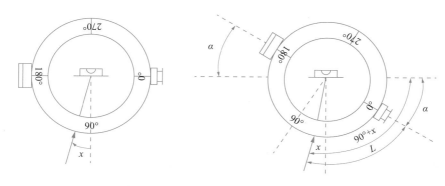

图 3-4-4 顺时针注记盘左竖盘指标差

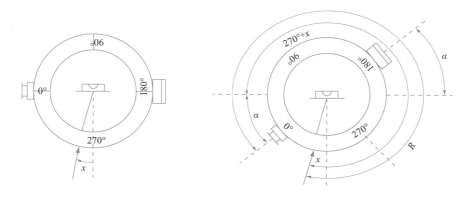

图 3-4-5 顺时针注记盘右竖盘指标差

时，x 取正号，反之 x 取负号。若 x 为正，则视线水平时的读数大于 90°或 270°，否则，情况相反。

（2）在竖直角测量时，用盘左、盘右观测，取平均值作为竖直角的观测结果，可以消除竖盘指标差的影响。因此，在多测回竖直角测量中，常用指标差来检验竖直角观测的质量。

在观测同一目标的不同测回或同测站的不同目标时，各指标较差不应超过一定限值，也就是指标差互差（指标差之间差值）；如在经纬仪一般竖直角测量中，指标差较差应小于 10″。

任务五 学会全站仪的检验与校正

素质目标	通过全站仪各轴线间关系的检验以及校正内容的学习，培养严谨细致的职业素养和实事求是的工作态度
知识目标	1. 掌握全站仪的四个主要轴线及其相互关系； 2. 掌握全站仪各项检测的目的
技能目标	能进行全站仪的检验与校正

课前导学

3-25全站仪的检校

引导问题：全站仪在使用过程中，由于受外界条件、磨损、震动等因素影响，各轴线之间的几何关系会发生变化，给角度测量带来一定误差。所以必须定期对全站仪进行检验与校正，使仪器能正常使用。以小组为单位，查阅资料，认识全站仪的主要轴线。

答：

课堂实施

子任务1：认识全站仪的主要轴线

根据水平角和竖直角观测的原理，全站仪的设计制造有严格的要求。如：全站仪旋转轴应铅垂，水平度盘应水平，望远镜纵向旋转时应划过一铅垂面等。如图3-5-1所示，全站仪有四条主要轴线：

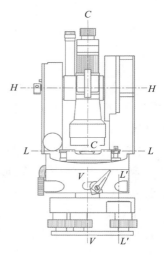

图 3-5-1　全站仪的主要轴线

水准管轴（LL）：通过水准管内壁圆弧中点的切线。

竖轴（VV）：经纬仪在水平面内的旋转轴。

视准轴（CC）：望远镜物镜中心与十字丝中心的连线。

横轴（HH）：望远镜的旋转轴（又称水平轴）。

仪器整平后，轴线间应该满足以下条件：

（1）水准管轴垂直于竖轴（$LL \perp VV$）。

（2）视准轴垂直于横轴（$CC \perp HH$）。

（3）横轴垂直于竖轴（$HH \perp VV$）。

引导问题1：请对照仪器实物认识全站仪的轴线。

答：

引导问题2：以小组为单位分析全站仪的轴线之间应满足的几何条件及作用。

答：

子任务 2：照准部水准管轴垂直于竖轴的检验与校正

检验：粗平全站仪，转动照准部，使水准管平行于任意两个脚螺旋，调节脚螺旋使水准管气泡居中。旋转照准部180°，检查水准管气泡是否居中。

3-26全站仪水准
管轴检校

若气泡仍居中(或≤0.5格)，则 $LL \perp VV$；否则，说明两者不垂直，需校正，如图 3-5-2 所示。

校正：目前状态下，用校正针拨动水准管一端的校正螺钉，使气泡回移总偏移量的一半。

调节与水准管平行的脚螺旋，使气泡居中。

反复检校几次，直至满足要求。

图 3-5-2 水准管校正装置

说明：若 LL 不垂直于 VV，则气泡居中(LL 水平)时，VV 不铅垂，它与铅垂线有一夹角 α[图 3-5-3(a)]；当绕倾斜的 VV 旋转180°后，LL 便与水平线形成 2α 的夹角[图 3-5-3(b)]，它反映为气泡的总偏移量。当用校正针拨动水准管一端的校正螺钉，使气泡回移总偏移量的一半时，水准管轴已经与竖轴垂直[图 3-5-3(c)]，通过旋转脚螺旋调整气泡偏离的剩余一半，使 VV 竖直[图 3-5-3(d)]，此时 LL 水平，VV 竖直，即 LL 垂直于 VV。

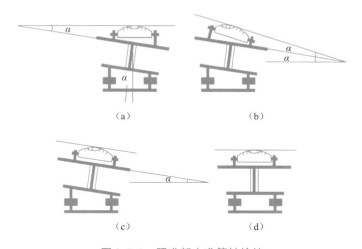

图 3-5-3 照准部水准管轴检校

引导问题：结合图 3-5-3 分析照准部水准管轴检校的原理。

答：

子任务 3：圆水准器轴平行竖轴的检验与校正

检验：利用已校正好的照准部水准管将仪器整平，这时竖轴已位于铅垂位置。如果圆水准器的理想关系满足，则气泡应该居中，否则需要校正。

校正：在圆水准器盒的底部有三个校正螺钉(同水准仪的圆水准器)。根据气泡偏移的方向，将其旋进或旋出，直至气泡居中则条件满足。校正好后，应将三个螺钉旋紧，使其紧固。

引导问题：对照实物全站仪，以小组为单位，检验圆水准器是否需要校正？

答：

3-27全站仪竖丝检校

子任务4：十字丝竖丝垂直于横轴的检验与校正

检验：整平仪器，使竖丝清晰地照准远处点状目标，并重合在竖丝上端；旋转望远镜微动螺旋，将目标点移向竖丝下端，检查此时竖丝是否与点状目标重合，若明显偏离，则需校正(图3-5-4)。

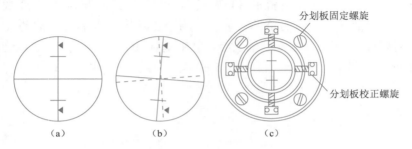

图3-5-4　十字丝竖丝检校

校正：拧开望远镜目镜端十字丝分划板的护盖，用校正针微微旋松分划板固定螺钉；然后微微转动十字丝分划板，至竖丝与点状目标始终重合；最后拧紧分划板固定螺钉，并盖好护盖。

说明：若竖丝$\perp HH$，则竖丝的移动轨迹在视准轴所划过的平面内。

引导问题：以小组为单位，归纳十字丝检验校正的过程。

答：

3-28全站仪视准轴检校

子任务5：视线垂直于横轴的检验与校正

检验：选择一平坦场地，安置仪器于A、B中点O，在B点横置一刻有毫米分划的直尺M(即垂直于AB)，如图3-5-5所示，并使A、O、直尺约位于同一水平面。整平仪器后，先以盘左位置照准远处目标A，保持照准部不动，纵转望远镜，于M尺上读得B'。

校正：在盘右状态下，旋转水平微动螺旋，使十字丝竖丝瞄准B_1，使$B_1B'' = \frac{1}{4} B'B''$，此时$OB_1 \perp H'H'$。

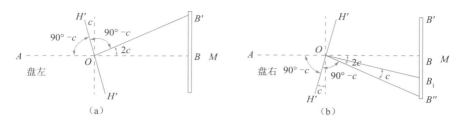

图 3-5-5 视准轴检校

拧开十字丝分划板护盖，用校正针微微拨动十字丝分划板左右校正螺钉［图 3-5-4（c）］，一松一紧，使十字丝中心对准目标 B_1。

反复检校，直至 c 值满足要求为止。

说明：图 3-5-5 中，某水平面上 A、O、B 为一直线上三点，经纬仪盘左瞄准点 A 时，若 $CC \perp HH$，则倒镜后视线应过 B 点；若两者不垂直，则倒镜后视线为 OB'［图 3-5-5（a）］。设 $H'H'$ 为横轴的实际位置，视准轴（OA 方向）与横轴方向（$H'H'$）的交角为（$90° - c$），c 称为视准轴误差。若有 c 存在，从图 3-5-5（a）中可看出倒镜后 $\angle B'OB = 2c$，$2c$ 即为 2 倍的视准轴误差，它意味着盘左盘右瞄准同一点时，水平度盘读数相差 $180° \pm 2c$。盘右重复上述工作时，视线瞄准 B''，B' 与 B'' 关于 OB 对称，$\angle B'OB'' = 4c$。

引导问题：以小组为单位，画图解释什么是 $2c$ 值？$2c$ 对角度测量有什么影响？

答：

子任务 6：横轴垂直于竖轴的检验与校正

检验：①整平仪器后，盘左瞄准 20 ~ 50 m 处墙壁目标 P（仰角 > 30°），如图 3-5-6 所示。

②固定照准部，纵转望远镜，照准墙上与仪器同高点 P_1，并标记。

③纵转望远镜 180°，盘右位置相同方法在墙上作点 P_2。

④如果 P_1 与 P_2 重合，则 $HH \perp VV$，否则，横轴不水平。

校正：横轴不水平是由于支承横轴的两侧支架不等高而引起。由于横轴是密封的，因此横轴与支架之间的几何关系由制造装配时给予保证，测量人员只需进行此项检验；如需校正，应送仪器维修部门。

说明：当竖轴铅垂、$CC \perp HH$ 时，若 $HH \perp VV$ 不满足，则望远镜绕 HH 旋转时，CC 所划过的面为一倾斜的平面，如图 3-5-6 所示。依据这一特点，检验时可先整平仪器，分别以盘左、盘右瞄准远处墙壁上一较高目标点 P，再将望远镜转至水平方向。这时沿视线在墙壁上作的两点 P_1、P_2 将不会重合。

引导问题：结合图 3-5-6，试说明如何检验横轴是否垂直于竖轴？

答：

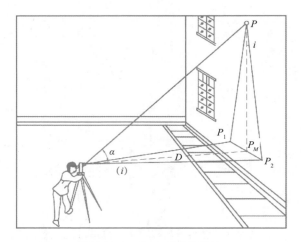

图 3-5-6 $HH \perp VV$ 的检校

子任务7：竖盘指标正确性检验与校正

检验：安置好经纬仪，用盘左盘右分别瞄准大致水平的同一目标，读取竖盘读数 L 和 R（注意读数前使竖盘指标水准管气泡居中），按式（3-4-6）计算出指标差 X。

校正：盘右位置，仍照准原目标，调节竖盘指标水准管微动螺旋，使竖盘读数对准正确读数 $R - X$。此时，竖盘指标水准管气泡不再居中，调节竖盘指标水准管校正螺钉，使气泡居中。此项检校需反复进行，直到 X 在规定范围内为止。

实训5：全站仪的检验与校正。

实训5-1全站仪的
检验与校正
实训指导

实训5-2全站仪的
检验与校正
实训报告

课后延学

全站仪在使用过程中，由于各轴线之间的几何关系变化会导致角度测量产生误差，请查阅《全站型电子测速仪检校规程》（JJG 100—2003），了解不同等级全站仪的电子测角系统计量性能要求。

思考与练习

选择题（多选）：

1. 全站仪的主要轴线应满足的 4 个几何条件有（   ）。
   A. 水准管轴垂直于竖轴   B. 十字丝竖丝垂直于横轴

C. 视准轴垂直于横轴　　　　　D. 横轴垂直于竖轴

E. 水准管轴平行于视准轴　　　F. 圆水准轴平行于竖轴

简答题：

1. 若照准部水准管轴不垂直于竖轴，如何校正水准管轴？

2. 根据水平角观测原理，分析全站仪主要轴线间应满足哪些条件？如何检验这些轴线间的关系是否满足条件？

任务六　分析角度测量的误差

素质目标	通过对角度测量误差种类的学习，进一步加强规范意识
知识目标	1. 掌握角度测量误差的来源； 2. 熟悉角度测量的误差削弱方法
技能目标	能根据全站仪角度测量误差产生的原因采取有效措施，消除或减弱误差对测量成果的影响

 课前导学

3-29角度测量
误差分析

引导问题：角度测量误差在测量工作中不可避免，仪器本身的精度、外界条件的变化、观测者的技能以及测量方法的选用等都会影响角度测量的准确性。以小组为单位，详细分析角度测量过程中有哪些误差？

答：

课堂实施

子任务 1：分析仪器误差

仪器虽经过检验及校正，但总会有残余的误差存在。仪器误差的影响，一般都是系统性的，可以在工作中通过一定的方法予以消除或减小。

主要的仪器误差有：水准管轴不垂直于竖轴、视线轴不垂直于横轴、横轴不垂直于竖轴、照准部偏心、光学对中器视线不与竖轴旋转中心线重合导致的误差及竖盘指标差等。

1. 水准管轴不垂直于竖轴

此误差影响仪器的整平，即导致竖轴不能严格铅垂，横轴也不水平，但安置好仪器后，它的倾斜方向是固定不变的，不能用盘左盘右消除。如果存在这一误差，可在整平时于一个方向上使气泡居中后，再将照准部平转180°，这时气泡必然偏离中央。然后用脚螺旋使气泡移回偏离值的一半，则竖轴即可铅垂。这项操作要在互相垂直的两个方向上进行，直至照准部旋转至任何位置时，气泡虽不居中，但偏移量不变为止。

2. 视准轴不垂直于横轴

此误差是由于存在视准轴不垂直于横轴的残余误差，所产生的视准轴误差 c 对水平度盘读数的影响。盘左、盘右大小相等，符号相反，通过盘左、盘右观测取平均值可以消除此项误差的影响。

3. 横轴不垂直于竖轴

同样，由于存在横轴不垂直于竖轴的残余误差，横轴误差 i 对水平度盘读数的影响性质与视准轴误差 c 类似，同样可以通过盘左、盘右观测取平均值消除此项误差的影响。

4. 水平度盘偏心差

所谓水平度盘偏心，即水平盘的刻划中心与照准部的旋转中心不相重合。这项误差只对在直径一端有读数的仪器才有影响，而采用对径符合读法的仪器时，可将这项误差自动消除。

如图3-6-1所示，设度盘的刻划中心为 O，而照准部的旋转中心为 O_1。当仪器的照准方向为 A 时，其度盘的正确读数应为 a。但由于偏心的存在，实际的读数为 α_1，$\alpha_1 - \alpha$ 即为这项误差。

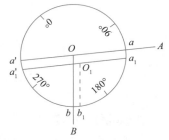

图 3-6-1　照准部偏心示意

照准部偏心影响的大小及符号是依偏心方向与照准方向的关系而变化的。如果照准方向与偏心方向一致，其影响为零；两者互相垂直时，影响最大。在图3-6-1中，照准方向为 A 时，读数偏大，而照准方向为 B 时，则读数偏小。

当用盘左、盘右观测同一方向时取对径读数，其值大小相等、符号相反（图3-6-1），在取读数平均值时，可以抵消。

5. 竖盘指标差

竖盘指标差影响竖直角的观测精度，如果测量前预先测出，再用半测回法测角计算时予以考虑；或者用盘左、盘右观测，取其平均值，则可抵消。

6. 度盘刻划误差

度盘刻划误差一般很小，水平角观测时，在各测回间按一定方式变换度盘位置，可以有效地削弱度盘刻划误差的影响。

引导问题：根据角度测量工作中仪器误差的影响，分析如何提高测量成果的精度？

答：

子任务 2：分析观测误差

造成观测误差的原因有二：一是观测者的技术水平及工作态度；二是受人的感官及仪器性能的限制。观测误差主要有：测站偏心、目标偏心、照准误差等。

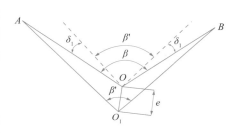

图 3-6-2　测站偏心

1. 测站偏心

测站偏心的大小取决于仪器对中装置的状况及操作的仔细程度。它对测角精度的影响如图 3-6-2 所示。设 O 为地面标志点，O_1 为仪器中心，实际测得的角为 β'，而应测的角为 β，两者之差为

$$\Delta\beta = \beta - \beta' = \delta_1 + \delta_2 \tag{3-6-1}$$

由图 3-6-2 中可以看出，观测方向与偏心方向越接近 90°，边长越短，偏心距 e 越大，则对测角的影响越大。所以在测角精度要求一定时，边越短，则对中精度要求越高。

2. 目标偏心

在测角时，通常都要在地面点上设置观测标志，如花杆、垂球等。造成目标偏心的原因可能是标志与地面点对应不准，或者标志没有铅垂，而照准标志的上部时视线偏移。

与测站偏心类似，偏心距越大，边长越短，则目标偏心对测角的影响越大。所以在短边测角时，尽可能用垂球作为观测标志。

引导问题 1：从事测量工作，不仅要有吃苦耐劳的精神，还要有严谨细致、实事求是的态度，以小组为单位，总结在测量过程中小组成员应如何相互配合，减少测站偏心与目标偏心对测量结果的影响？

答：

引导问题 2：在角度测量工作中，不仅要求有盘左、盘右观测，有时还要进行多个测回观测，这样做的目的是什么？

答：

子任务 3：了解外界条件的影响

外界条件的因素十分复杂，如天气的变化、植被的不同、地面土质松紧的差异、地形的起伏以及周围建筑物的状况等，都会影响测角的精度。有风会使仪器不稳，地面土松软可使仪器下沉，强烈阳光照射会使水准管变形，视线靠近反光物体则有折光影响等。这些在测角时，应注意尽量避免。

引导问题：在测量工作中遇到强烈光照时，该如何操作，以减少外界条件对测量观测的影响？

答：

📺 课后延学

当测站偏心距不变，边长越短，对测角的影响越大。以小组为单位，通过画图验证这一结论。

🔍 思考与练习

简答题：

影响水平角观测精度的因素有哪些？如何消除或减小这些因素的影响？

📖 知识加油站

角度测量注意事项：

(1)定期对仪器进行检校。

(2)观测时注意整平和对中，对于短边测量更应严格对中。

(3)测量时应尽量照准目标的底部。对光要清晰，读数应正确，估读要有一定的精度。

(4)注意避开一些不利的自然因素影响，如大风、雾、烈日等。

(5)注意仪器的保养与维护。要防止仪器无人看管，仪器箱上不许坐人，不得硬性转动仪器，仪器装箱时，应先松开各制动螺旋。

项目四　距离测量

项目导入

4-1项目案例——
隧道净空验收

在道路隧道施工项目中，隧道净空验收需要使用光电测距的方法对隧道净空进行测量，以便道路在铺设完沥青后，保障各种车辆在隧道中顺利通行。距离测量是确定地面点相对位置的三项基本工作之一。距离测量的方法与采用的仪器和工具有关，测量中经常采用的方法有钢尺量距、视距测量和电磁波测距。采用何种仪器与工具测距取决于测量工作的性质、要求和条件。

素养园地

自然资源部第一大地测量队（自然资源部精密工程测量院、陕西省第一测绘工程院），是一支思想作风好、技术业务精、艰苦奋斗、功绩卓著、无私奉献的测量工作队伍。建队以来，先后7测珠峰、两下南极、40次进驻内蒙古荒原、54次深入西藏无人区、52次踏入新疆腹地，徒步行程近6 000万 km，相当于绕地球1 500多圈，测出了近半个中国的大地测量控制成果。先后完成了中华人民共和国大地原点建设、全国天文主点联测、国家天文大地网测量、国家卫星定位网布测、国家一等水准网布测、国家重力基本网布测、珠峰高程测量、南极测绘、中国公路网 GPS 测绘工程、西部无图区测图、海岛（礁）测绘、现代测绘基准体系建设工程、地理国情普查等一系列国家重大测绘项目。承担了上海、重庆、武汉、杭州、珠海等多个城市的基础控制布测，承担了港珠澳大桥、苏通大桥、西江特大桥等多座特大桥梁建造的首级控制网布测，承担了大雁塔、大唐韩城发电厂、天津港码头等多个大型建（构）筑物变形监测。为国家经济建设、国防建设和科学研究提供了精准翔实的基础地理信息数据。

2020 年珠峰高程测量是我国先进测绘科技的集中展示，半个世纪以来，我国测绘技术经历了从传统大地测量到综合现代大地测量的转变。2020 年珠峰高程测量实现了国产仪器测量珠峰高程的重大突破，也是我国现代化建设成就的一个缩影。

几代测绘人前赴后继，在祖国的高原、戈壁，在人迹罕至甚至未至的地方，用青春和汗水一次次竖起测量标杆，标注下一个个新坐标，同时也树立起英雄群体的精神标杆和人生标杆，凝铸起"热爱祖国、忠诚事业、艰苦奋斗、无私奉献"的测绘精神丰碑。这支队伍的历史是一部挑战生命极限的英雄史，其测绘业务能力代表着我国大地测量工作的最高水准，是我国基础测绘的主力军，多年来为国家经济社会发展提供了坚强的测绘保障，为祖国发展、人民幸福作出了突出贡献。

任务一　学会钢尺量距

素质目标	1. 通过精密钢尺量距的实施与计算，引导遵守测量规范； 2. 通过尺长改正、相对误差等数据计算要求，培养精益求精的职业素养
知识目标	1. 认识钢尺量距的工具； 2. 掌握直线定线的方法； 3. 掌握钢尺量距的方法
技能目标	1. 会直线定线； 2. 会用普通钢尺量距； 3. 会用精密钢尺量距

课前导学

4-2钢尺量距

引导问题：在古代，人类为了测量田地已发明长度测量，很早便有了"布手知尺""身高为丈""迈步定亩"。以小组为单位，查阅资料，了解当今日常生产、生活中测量距离有哪些方法？

答：

课堂实施

子任务 1：认识钢尺量距的工具

钢尺分为普通钢卷带尺和锢瓦线尺两种。普通钢卷带尺尺宽 10 ~ 15 mm，长度有 20 m、30 m 和 50 m 等几种，可卷放在圆形盒或金属架上。普通钢卷带尺的分划有几种形式，有的以厘米为基本分划，适用于一般量距；有的在尺端第一分米内以毫米为基本分划；有的整体以毫米为基本分划。后两种适用于精密量距。制造较精密的普通钢卷带尺时，有规定的温度及拉力。例如，在尺端刻有"30 m、20 ℃、100 N"字样，表示检定此钢尺时的温度为 20 ℃，拉力为 100 N，钢尺刻线的最大注记值为 30 m（通常称为名义长度）。根据尺的零点位置不同，普通钢卷带尺有端点尺和刻线尺之分，如图 4-1-1 所示。

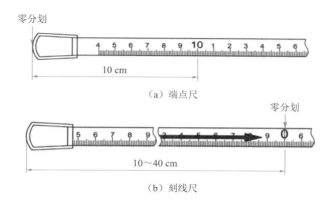

（a）端点尺

（b）刻线尺

图 4-1-1 端点尺和刻线尺

　　铟瓦线尺是用镍铁合金制成的，尺线直径为 1.5 mm、长度为 24 m，尺身无分划和注记，在尺两端各连一个三棱形的分划尺（长 8 cm），其上最小分划为 1 mm。铟瓦线尺全套由 4 根主尺、1 根 8 m（或 4 m）长的辅尺组成，不用时卷放在尺箱内。

　　钢尺量距的辅助工具有测钎、标杆、垂球、弹簧秤和温度计，如图 4-1-2 所示。

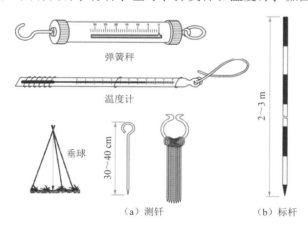

（a）测钎　　　（b）标杆

图 4-1-2 量距工具

　　引导问题：认识钢尺量距的工具，分析在钢尺量距工作中的作用与使用注意事项。

　　答：

　　子任务2：学会直线定向

　　当距离较长时，一般要分段丈量。为了使距离丈量不偏离直线方向，要在直线方向上设立若干分段点（如插上标杆或测钎），这种使量距分段点位于欲量两点之间连线方向上的测量过程称为直线定线。直线定线有两种方法：一是目估法，二是全站仪法。

4-3目估法直线定线

4-4测全站仪直线定线

(1)目估法，如图 4-1-3 所示，欲测 A、B 两点之间的距离，在 A、B 两点上各设一根标杆，观测者位于 A 点之后 1~2 m 处单眼目估 AB 视线，指挥中间持标杆者左右移动标杆至直线上，并确定其位置。用相同法定位其他各点，此法多用于普通精度的钢尺量距。

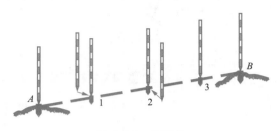

图 4-1-3   目估法

(2)全站仪法，如图 4-1-4 所示，在一点上架设全站仪，用全站仪瞄准另一点，固定照准部(此时照准部不能再动)，然后用全站仪指挥并在视线上定点。此法多用于精密钢尺量距。

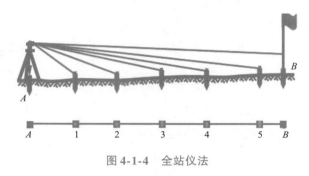

图 4-1-4   全站仪法

引导问题：以小组为单位，讨论直线定线的目的，分析定线不准确会产生什么样的误差。

答：

子任务 3：学会钢尺量距

1. 普通钢尺量距

当量距精度要求为 1/3 000 ~ 1/2 000 时，可用一般量距方法。用目估法进行直线定线，当地面平坦时，可将钢尺拉平，直接量测水平距离。对于倾斜地面，一般采用平量法，即丈量时保持钢尺水平；对于坡度较大的地区，可将一整段分为几小段丈量，测量时将钢尺一端抬起以保持水平，如图 4-1-5 所示。当地面两点之间坡度均匀时，可采用斜量法，即先丈量沿地面两点之间的斜距，再将其换算为水平距离，如图 4-1-6 所示。丈量时钢尺两端应加上一定拉力(一般 30 m 长的钢尺拉力为 100 kN)。为保证精度、提高观测结果的可靠性，通常采用往返丈量的方法。例如，由 A 测至 B 为往测 $D_{往}$，由 B 测至 A 为返测 $D_{返}$，往返测均值为 $D_{均}$，其相对较差 K 为

$$K = \frac{|D_{往} - D_{返}|}{D_{均}} \qquad (4\text{-}1\text{-}1)$$

若 K 不超过限差要求，则取往返测均值 $D_{均}$ 作为最后结果，以 K 作为测量成果的精度；若 K 超过限差要求，则应重新观测。

相对较差分母愈大，则 K 值愈小，精度愈高；反之，则精度愈低。在平坦地区，钢尺量距一般方法的相对较差不应大于 1/3 000；在量距较困难的地区，其相对较差不应大于 1/1 000。

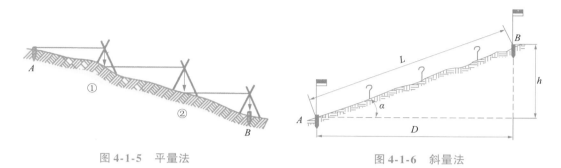

图 4-1-5 平量法　　　　　　图 4-1-6 斜量法

2. 精密钢尺量距

（1）精密钢尺量距的实施

当量距要求达到 1/25 000 ~ 1/10 000 的精度时，须采用精密量距方法。用全站仪法进行直线定线，沿测量方向用钢尺概量，打下一系列木桩，用全站仪在桩顶标出直线方向线及其垂直方向线，将交点作为测量各尺段距离的标志。用水准仪测出相邻两桩顶之间的高差，以便进行倾斜改正。量距时每一测段均须在尺的两端用弹簧秤施加标准拉力，并记录测量时的温度。精密量距的实施步骤如下：

①清理场地，全站仪定线。

②钉尺段桩。

③测量尺段高差。

④分段丈量。

⑤成果整理。

在使用钢尺前一般需要经过检定，可由计量单位或测绘单位检定，也可将待检钢尺与标准长度比长，并得出尺长方程式，以便计算钢尺在不同条件下的实际长度。

（2）精密钢尺量距的成果处理

精密量距的结果必须根据尺长方程式计算的结果修正到标准温度、标准拉力下的实际长度，并把斜距转化为水平距离。因此，量得的长度应经过尺长改正、温度改正、倾斜改正。设用钢尺实际测量两点的距离结果为 l，对其应进行的 3 项改正，具体如下：

①尺长改正。钢尺在标准拉力、标准温度下的检定长度 l' 与钢尺的名义长度 l_0 一般不相等，其差数 Δl 为整尺段的尺长改正数，即

$$\Delta l = l' - l_0 \tag{4-1-2}$$

任一测量长度 l 的尺长改正数为

$$\Delta l_d = \frac{\Delta l}{l_0} \cdot l \tag{4-1-3}$$

②温度改正。钢尺长度受温度的影响会伸缩。当量距时的温度 t 与检定钢尺时的标准

温度 t_0 不一致时，须进行温度改正，其公式为

$$\Delta l_t = \alpha l(t - t_0) \tag{4-1-4}$$

式中，α 为钢尺的线膨胀系数。

③倾斜改正。如图 4-1-7 所示，设 l 为量得的斜距，h 为两端点间的高差，要将 l 改算成平距 d，须加入倾斜改正 Δl_h，有

$$\Delta l_h = -\frac{h^2}{2l} \tag{4-1-5}$$

经过改正后的尺段长度为该尺段的水平距离，即

$$d = l + \Delta l_d + \Delta l_t + \Delta l_h \tag{4-1-6}$$

则总长度为

$$D = \sum d \tag{4-1-7}$$

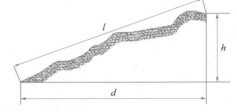

图 4-1-7　斜距改算平距

计算案例 1：用钢尺丈量 A、B 两点的距离，往测距离为 162.736 m，返测距离为 162.782 m，如果规定相对较差不应大于 1/3 000，那么测量结果是否满足精度要求？如果测量结果满足精度要求，则直线的长度应取多少？

解：往返测量较差：　$\Delta D = D_往 - D_返 = 162.736 - 162.782 = -0.046(\text{m})$

距离平均值：　$D_均 = (D_往 + D_返)/2 = (162.736 + 162.782)/2 = 162.759(\text{m})$

相对较差：　$K = \dfrac{1}{D_均/|\Delta D|} = \dfrac{|-0.046|}{162.759} = \dfrac{1}{3\ 538} < \dfrac{1}{3\ 000}$

因为 $K < \dfrac{1}{3\ 000}$，所以测量结果满足精度要求，直线长度应取 162.759 m。

计算案例 2：用钢尺测量 A 到 B 的长度，该尺的名义长度 $l_0 = 30$ m，实际长度 $l' = 30.0025$ m，检定时的温度 $t_0 = 20\ ℃$，线膨胀系数为 $1.25 \times 10^{-5}/℃$，测量距离 $l = 29.865$ m，测量时的温度 $t = 25\ ℃$，高差 $h = 0.272$ m，求该尺段的水平距离 D。

解：（1）计算尺长改正数

$$\Delta l_d = \frac{\Delta l}{l_0} \cdot l = (30.0025 - 30)/30 \times 29.865 \approx 0.0025(\text{m})$$

（2）计算温度改正数

$$\Delta l_t = \alpha l(t - t_0) = 1.25 \times 10^{-5} \times 29.865 \times (25 - 20) \approx 0.0019(\text{m})$$

（3）计算倾斜改正数

$$\Delta l_h = -\frac{h^2}{2l} = -0.272^2/(2 \times 29.865) \approx -0.0012(\text{m})$$

考虑以上 3 项改正值，可得出 A、B 两点之间的准确距离为

$$D = 29.865 + 0.0025 + 0.0019 - 0.0012 = 29.8682(\text{m})$$

引导问题：距离测量的精度用相对误差来表示，以小组为单位，分析原因。

答：

🖥 课后延学

以小组为单位进行精密钢尺量距，并完成精密量距记录与计算；试完成钢尺量距的误差分析。

✉ 思考与练习

选择题(单选)：

1. 某钢尺尺长方程式为 $l_t = 50.004\ 4\ \text{m} + 1.25 \times 10^{-5}/℃ \times (t-20) \times 50\ \text{m}$，在温度为 31.4 ℃和标准拉力下量得均匀坡度两点间的距离为 49.906 2 m、高差为 -0.705 m，则该两点间的实际水平距离为( )。

    A. 49.889 7 m   B. 49.912 7 m

    C. 49.922 7 m   D. 49.906 2 m

2. 在斜坡上测量距离要加倾斜改正，其改正数符号( )。

    A. 恒为负   B. 恒为正

    C. 上坡为正，下坡为负   D. 根据高差符号来决定

3. 某钢尺名义长度为 30 m，经检定其实际长度为 29.995 m，用此钢尺测量 10 段距离，其结果( )。

    A. 使距离长了 0.05 m   B. 使距离短了 0.05 m

    C. 使距离长了 0.5 m   D. 使距离短了 0.5 m

判断题：

1. 在钢尺量距中，钢尺的量距误差与所量距离的长短无关。 ( )

2. 在钢尺量距中，若经过检定得出的钢尺实际长度比名义长度短，则其尺长改正值为正值。 ( )

简答题：

钢尺量距时，为什么要进行直线定线？直线定线有哪几种方法？

💻 知识加油站

钢尺量距的注意事项：(1)距离丈量的三个基本要求是："直、平、准"，即定线应拉直，钢尺要抬平，读数要准确。(2)钢尺丈量前应分辨钢尺的零端和末端。(3)丈量时尺身要水平，尺要拉紧，前后尺手用力应均匀。(4)钢尺在拉出和收卷时，要避免钢尺打卷，如钢尺沾水，使用完毕后应擦干或晾干，再卷进盒子。(5)转移尺段时，前后拉尺员应将钢尺抬高，不可拖拉摩擦。钢尺伸展开后，不能让行人、车辆等从钢尺上通过。(6)尺子用过后，要用软布擦干净后上油。

任务二 学会视距测量

素质目标	1. 通过视距测量的原理认识，引导遵守测量规范； 2. 树立专业自豪感和职业认同感，培养对测绘学科的热爱
知识目标	1. 掌握视距测量原理； 2. 掌握视距测量计算方法； 3. 掌握倾斜距离(视线长)转化为水平距离的改正方法
技能目标	1. 会计算视线水平时的距离与高差； 2. 会计算视线倾斜时的距离与高差； 3. 会开展视距测量的实施与记录

课前导学

4-5视距测量（一）　　4-6视距测量（二）

引导问题：视距测量是利用具有视距装置的测量仪器，根据光学和三角学的原理同时测定水平距离和高差的一种方法。这种方法具有操作方便、速度快、一般不受地形限制等优点。虽然精度较低(普通视距测量仅能达到 1/300 ~ 1/100 的精度)，但能满足测定碎部点位置的精度要求。以小组为单位，画图说明视距测量的原理。

答：

课堂实施

子任务 1：水平视线视距测量

如图 4-2-1 所示，欲测量 A、B 两点间的水平距离 D 及高差 h，可在 A 点安置仪器，在 B 点立视距尺，设望远镜视线水平，瞄准 B 点视距尺，此时视线与视距尺垂直。求得上、下视距丝读数之差。上、下视距丝读数之差 l 称为视距间隔或尺间隔。由图 4-2-1 可知，$\triangle abF \backsim \triangle MNF$，得到

$$\frac{f}{d} = \frac{p}{l}$$

因此求得

$$d = \frac{f}{p} l$$

于是 A、B 两点之间的水平距离 $D = d + \delta + f$（δ 为仪器中心到物镜的距离，f 为物镜焦距，d 为物镜焦点到视距尺的距离），$\delta + f$ 与 D 相比较，可以忽略。在制造仪器时，规定 $\frac{f}{p} =$ 100，因此 A、B 两点之间的水平距离为

$$D = Kl = 100l \tag{4-2-1}$$

由图 4-2-1 还可知，A、B 两点间的高差为

$$h = i - v \tag{4-2-2}$$

式中，i 为仪器高；v 为望远镜的中丝在尺上的读数。

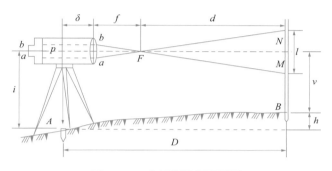

图 4-2-1　水平视线视距测量

引导问题：根据水平视线视距测量的原理，请分析视线倾斜时、视线水平时视距测量的步骤及注意事项。

答：

子任务 2：倾斜视线视距测量

当地面起伏较大时，必须将望远镜倾斜才能瞄准视距尺，如图 4-2-2 所示，此时的视准轴不再垂直于视距尺，因此之前推导的公式就不适用了。若想引用之前的公式，测量时就必须将视距尺置于垂直于视准轴的位置。因此，在推导倾斜视线视距测量公式时，必须加上两项改正：①视距尺不垂直于视准轴的改正；②倾斜距离（视线长）转化为水平距离的改正。

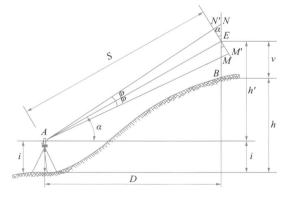

图 4-2-2　倾斜视线视距测量

1. 视距尺不垂直于视准轴的改正

在图 4-2-2 中，由于视准轴不垂直于视距尺，不能用式（4-2-1）进行计算，现在我们设想有一根垂直于视准轴的理想尺子，

上、下视距丝在该尺上的成像位置分别为 M'、N'，设 $M'N' = l'$，设视准轴倾斜角为 α，因 φ 角很小，可略为 $17'$（可以推算），故可将 $\angle AN'E$ 和 $\angle AM'E$ 看成近似直角，则 $\triangle NN'E$ 和 $\triangle MM'E$ 为直角三角形，因 $\angle NEN' = \angle MEM' = \alpha$，故

$$l' = M'N' = M'E + EN' = ME\cos\alpha + EN\cos\alpha = (ME + EN)\cos\alpha = l\cos\alpha$$

根据式（4-2-1）得倾斜距离为

$$S = Kl' = Kl\cos\alpha \tag{4-2-3}$$

2. 倾斜距离（视线长）转化为水平距离的改正

由图 4-2-2 可知，水平距离为

$$D = S\cos\alpha = Kl\cos^2\alpha \tag{4-2-4}$$

AB 两点间的高差为

$$h = h' + i - v$$

$$h' = S\sin\alpha = Kl\cos\alpha \cdot \sin\alpha = \frac{1}{2}Kl\sin 2\alpha \tag{4-2-5}$$

称为初算高差。因此视线倾斜时的高差计算公式为

$$h = \frac{1}{2}Kl\sin 2\alpha + i - v \tag{4-2-6}$$

引导问题：根据倾斜视线视距测量原理，请分析视距测量的测量步骤及注意事项。

答：

课后延学

1. 以小组为单位完成一个测站的视距测量与计算；
2. 试分析视距测量的误差来源及减弱措施。

思考与练习

选择题（单选）：

视距测量时，经纬仪置于高程为 162.382 m 的 A 点，仪器高为 1.40 m，上、中、下视距丝立于 B 点的读数分别为 1.019 m、1.400 m 和 1.781 m，求得竖直角 $\alpha = -3°12'10''$，则 A、B 间的水平距离和 B 点高程分别为（   ）。

A. 75.962 m，158.131 m   B. 75.962 m，166.633 m

C. 76.081 m，158.125 m   D. 76.081 m，166.639 m

计算题：

1. 某视距测量时，测量员报的上视距丝读数是 2.196 m，下视距丝读数是 1.821 m，中视距丝读数是 1.934 m，水平盘读数为 120°45'20''，竖盘读数为 60°20'30''，试计算测站到测点的水平距离。

2. 按照表4-2-1，完成计算工作。

表 4-2-1 视距测量记录

测站：A　　　　　　　测站高程：+50 m　　　　　　仪器高：1.55 m　　　　　　仪器：DJ$_6$

测点	上丝读数 下丝读数 尺间隔 l(m)	中丝读数 v(m)	竖盘读数 L (° ′ ″)	垂直角 α (° ′ ″)	水平距离 D(m)	高差 h(m)	高程 H(m)	备注
1	1.768 0.900	1.334	84 32 26					盘左位置
2	2.690 1.400	2.045	95 18 37					

📖 **知识加油站** -

视距测量的误差来源及消减方法如下：

1. 用视距丝读取尺间隔的误差

读取视距尺间隔的误差是视距测量误差的主要来源，随视距尺间隔乘以常数100，其误差也随之扩大100倍。读数时应注意消除视差，认真读取视距尺间隔。

2. 垂直角测定误差

从视距测量原理可知，垂直角误差对于水平距离影响不显著，而对高差影响较大，故用视距测量方法测定高差时应注意准确测定垂直角。

3. 标尺倾斜误差

标尺立不直，前后倾斜时将给视距测量带来较大误差，其影响随着尺子倾斜度和地面坡度的增加而增加。标尺必须严格铅直(尺上应有水准器)，特别是在山区作业时。

任务三　学会全站仪光电测距

素质目标	1. 通过完成学习任务，提高学习能力，提升学习主动性； 2. 通过全站仪测距实训，培养动手能力和职业素养
知识目标	1. 掌握测距仪分类； 2. 掌握光电测距原理； 3. 掌握测距成果计算
技能目标	1. 会进行全站仪参数设置； 2. 会使用全站仪进行距离测量； 3. 会进行测距成果计算

课前导学

4-7光电测距（一）

4-8光电测距（二）

引导问题：光电测距技术凭借其高精度、实时性以及非接触等突出优势成为距离测量的主要技术手段。请以小组为单位查找资料，了解光电测距的原理。

答：

课堂实施

子任务1：掌握测距仪分类

1. 按光源分类

（1）红外光源：采用砷化镓发光二极管发出不可见的红外光。目前工程测量中所使用的短程测距仪都采用此光源。

（2）激光光源：采用固体激光器、气体激光器或半导体激光器发出方向性强、亮度高、相干性好的激光，一般用于中远程测距仪。

2. 按测程分类

（1）短程光电测距仪：测程小于 3 km，通常用于工程测量。

（2）中程光电测距仪：测程为 3～15 km，通常用于一般等级控制测量。

（3）远程光电测距仪：测程大于 15 km，通常用于国家三角网及特级导线测量。

3. 按测距精度分类

光电测距仪精度，可按 1 km 测距中误差（即 $m_D = A + B \cdot D$，当 $D = 1$ km 时），划分为 3 级。Ⅰ级：$m_D \leq 5$ mm；Ⅱ级：5 mm $< m_D \leq 10$ mm；Ⅲ级：10 mm $< m_D \leq 20$ mm。

在 $m_D = A + B \cdot D$ 中，A 为仪器标称精度中的固定误差，以 mm 为单位；B 为仪器标称精度中的比例误差系数，以 mm/km 为单位；D 为测距边长度，以 km 为单位。

引导问题：以小组为单位，通过查找资料，了解光电测距仪有哪些品牌和种类。

答：

子任务 2：会处理光电测距成果

在测距仪测得初始斜距值后，须加上仪器常数改正、气象改正和倾斜改正等，最后求得水平距离。

1. 仪器常数改正

因仪器的发射中心、接收中心与仪器安置中心不一致而引起的测距偏差值称为仪器加常数。实际上，仪器加常数还包括由于反射棱镜等效反射面与棱镜安置中心不一致引起的测距偏差，称为棱镜加常数。仪器的加常数改正值 K 与距离无关，在有些测距仪中可预置仪器加常数做自动改正。

仪器乘常数主要是因测距频率偏移而产生的，仪器乘常数改正值等于乘常数乘以距离，在有些测距仪中可预置仪器乘常数做自动改正。

2. 气象改正

测量距离时，距离值会受测量时大气条件的影响。为了削弱大气条件的影响，测量距离时须使用气象改正参数修正测量成果。大气改正值是由大气温度、大气压力、海拔、空气湿度推算出来的。大气改正值与空气中的气压或温度有关。不同的仪器给出的气象改正公式不尽相同，一般在其使用说明书中给出。式(4-3-1)是某种测距仪气象改正的计算方式。

$$\Delta S = \left(273.8 - \frac{0.290\,0P}{1 + 0.003\,66t} \right) S \quad (\text{mm}) \tag{4-3-1}$$

式中　P——大气压力（10^2Pa）；

　　　t——大气温度（℃）；

　　　S——斜距（km）。

目前，所有测距仪都可在仪器内预置气象参数，在测距时自动进行气象改正。测距前输入测量时的气温、气压即可。

3. 倾斜改正

对距离的倾斜观测值进行仪器常数改正和气象改正后，得到改正后的斜距。

当测得斜距的竖直角 α 后，可按式(4-3-2)计算水平距离，有

$$D = S \cdot \cos \alpha \tag{4-3-2}$$

式中　α——竖直角。

引导问题 1：如图 4-3-1 所示，认识棱镜实物图并了解棱镜常数，查找常见的棱镜常数

有哪些?

答:

图 4-3-1　棱镜

引导问题 2：大气改正值与哪些因素有关?

答:

子任务 3：会用全站仪测距

仪器开机后，进入全站仪开机界面，如图 4-3-2 所示。

4-9全站仪测距

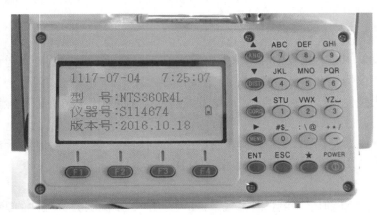

图 4-3-2　全站仪 NTS-360 开机界面

（1）在全站仪面板上按[☆]键进入星键模式，设置反射体为棱镜，如图 4-3-3 所示。

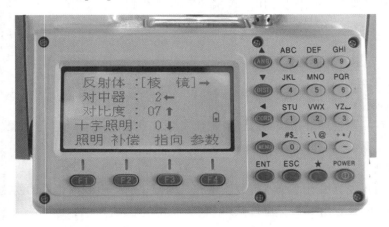

图 4-3-3　设置反射体

（2）按相应参数键，输入当前温度、大气压值及棱镜常数等参数，如图 4-3-4 所示。

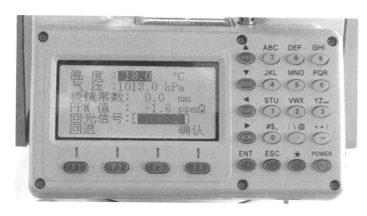

图 4-3-4 参数设置

（3）瞄准棱镜中心。单击［DIST］键进入距离测量模式。

（4）单击［模式］键进入测距模式，设置功能。测距模式有精测单次、精测 N 次、精测连续、跟踪测量选项。

（5）单击测量键进行距离测量，测距完成时显示斜距、平距、高差，如图 4-3-5 所示。

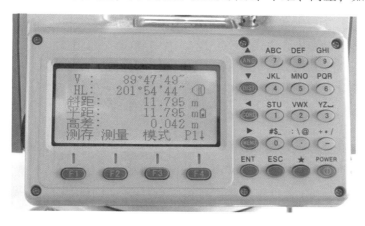

图 4-3-5 测量结果显示界面

引导问题 1：全站仪距离测量操作步骤有哪些？

答：

引导问题 2：全站仪距离测量时需设置哪些参数？

答：

实训6：全站仪光电测距。

实训6-1全站仪光电
测距实训指导

实训6-2全站仪光电
测距实训报告

课后延学

1. 以小组为单位，领取并认识手持测距仪，掌握手持测距仪的使用方法，了解操作注意事项。

2. 目前手机测距也是一种非常便捷的测距方法，试了解目前有哪些测距软件，其测距原理是什么？

思考与练习

填空题：

电磁波测距的两种基本方法是＿＿＿＿＿、＿＿＿＿＿。

选择题（单选）：

相位式光电测距仪的测距公式中的光尺是指（　　　）

A. f　　　　　B. $f/2$　　　　　C. λ　　　　　D. $\lambda/2$

判断题：

光电测距是通过光波或电波在待测距离上往返一次所需的时间来测量距离，因准确测定时间很困难，实际上是测定调制光波往返待测距离所产生的时间。　　　　　　（　　　）

简答题：

1. 试述光电测距仪的基本原理。

2. 简述测距仪的分类。

3. 简述用全站仪完成距离测量的步骤。

知识加油站

光电测距原理：

如图 4-3-6 所示，欲测 A、B 两点的距离，在 A 点置测距仪，在 B 点置反光镜。由测距仪在 A 点发出的测距电磁波信号至反光镜经反射回到仪器，如果电磁波信号往返所需时间为 t，设信号的传播速度为 c，则 A、B 之间的距离 D 为

4-10光电测距原理

$$D = \frac{1}{2} c \cdot t \tag{4-3-3}$$

式中，c 为电磁波信号在大气中的传播速度，其值约为 3×10^8 m/s。由此可见，测出信号往返 A、B 所需时间即可测量出 A、B 两点的距离。

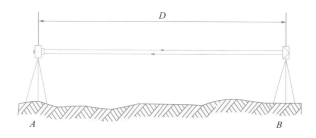

图 4-3-6 光电测距原理

由式（4-3-3）可以看出测量距离的精度主要取决于测量时间的精度。在光电测距中测量时间一般采用两种方法：①直接测定时间，如电子脉冲法；②通过测量电磁波信号往返传播所产生的相位移来间接的测定时间，如相位法。对于第一种方法，若要求测距误差 $\Delta D \leqslant 10$ m，则要求时间 t 的测定误差 $\Delta t \leqslant \frac{2}{3} \times 10^{-10}$ s，要达到这样的精度是非常困难的。例如，使用脉冲法测定时间的精度也只能达到 10^{-8} s，这对于精密测距是不够的。因此，对于精密测距，一般不采用直接测量时间的方法，而采用间接测量时间的方法，即相位法。

图 4-3-7 为测距仪发出经调制的按正弦波变化的调制信号的往返传播情况。信号的周期为 T，一个周期信号的相位变化为 2π，信号往返所产生的相位移为

$$\phi = 2\pi f \cdot t \tag{4-3-4}$$

则

$$t = \frac{\phi}{2\pi f} \tag{4-3-5}$$

故

$$D = \frac{1}{2} c \cdot t = \frac{1}{2} c \cdot \frac{\phi}{2\pi f} = \frac{1}{2} \cdot \frac{c}{f} \cdot \frac{\phi}{2\pi} \tag{4-3-6}$$

式中，f 为调制信号的频率；t 为调制信号往返传播的时间；c 为调制信号在大气中的传播速度。

信号往返所产生的相位移为

$$\phi = N \cdot 2\pi + \Delta\phi = 2\pi \left(N + \frac{\Delta\phi}{2\pi} \right) \tag{4-3-7}$$

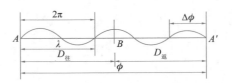

图4-3-7　相位法测距

式中，N 为相位移的整周期数；$\Delta\phi$ 为不足一周期的尾数。将其代入式(4-3-7)，得

$$D = \frac{1}{2} \cdot \frac{c}{f} \cdot \left(N + \frac{\Delta\phi}{2\pi}\right) = \frac{\lambda}{2} \cdot (N + \Delta N) \qquad (4\text{-}3\text{-}8)$$

式中，$\lambda = \dfrac{c}{f}$，λ 为调制正弦波信号的波长；$\Delta N = \dfrac{\Delta\phi}{2\pi}$。令 $\dfrac{\lambda}{2} = u$，式(4-3-8)可写成

$$D = u(N + \Delta N) \qquad (4\text{-}3\text{-}9)$$

式(4-3-9)可以理解为用一把测尺长度为 u 的光尺量距，N 为整尺段数，ΔN 为不足一整尺段的尾数。但仪器用于测量相位的装置(称相位计)只能测量出尺段尾数 ΔN，而不能测量出整周数 N。例如，当测尺长度为 10 m、待测量距离为 835.486 m 时，测量出的距离只能为 5.486 m，即此时只能测量小于 10 m 的距离。因此，要增加测程必须增加测尺长度，但测相器的测相误差和测尺长度成正比，由测相误差所引起的测距误差约为测尺长度的 1/1 000，增加测尺长度会使测距误差增大。为了兼顾测程和精度，测量中采用不同长度的测尺，即所谓粗测尺(长度较大的尺)和精测尺(长度较小的尺)同时测距，然后将粗测结果和精测结果组合得到最后结果，这样既保证了测程，又保证了精度。例如，测量距离时采用 $u_1 = 10$ m 的测尺和 $u_2 = 1\,000$ m 的测尺，其测量结果如下：

精测结果　　　　5.486

粗测结果　　　835.4

————————

仪器显示　　　835.486

项目五　高程测量

项目导入

　　一条高速公路绵延上千公里，所经地域高低起伏不平，道路的路基、路面高程必须按照规划设计参数进行施工，以确保车辆在路面上平稳通行。确定地面点高度的测量工作称之为高程测量。高程测量也是测量的三项基本工作之一。进行高程测量的主要方法有水准测量、三角高程测量、摄影测量测高、GNSS 测高、气压高程测量等。开展高程测量可以参阅《国家一、二等水准测量规范》（GB/T 12897—2006）、《国家三、四等水准测量规范》（GB/T 12898—2009），工程项目中高程测量可以参阅《测量标准》。

素养园地

　　1975 年，我国测量队员首次将觇标带上珠峰峰顶，测得珠峰高程为 8 848.13 m；2005 年，中国测量人再次登顶，更新了珠峰的"净身高"——8 844.43 m；2020 年 5 月 24 日，我国珠峰高程测量登山队 8 名攻顶队员，冒着缺氧、严寒和大风的危险，背着沉重的测量仪器设备，第三次向顶峰发起突击。5 月 27 日，他们克服重重困难，成功登顶珠峰，将五星红旗插上世界最高峰峰顶，并开展各项测量工作。峰顶测量任务多、环境恶劣，测量队员为了获取高精度的数据，在峰顶高寒缺氧的环境下工作了长达 150 min 的时间，创造了新纪录。

　　测量登山队员在峰顶竖立起测量觇标，在珠峰周边海拔 5 200~6 000 m 的 6 个交会点，同步开展峰顶交会测量，同时使用 GNSS 接收机，通过我国自主研发的北斗卫星进行高精度定位测量，使用雪深雷达探测仪探测了峰顶雪深，并使用重力仪进行了重力测量，这是人类首次在珠峰峰顶开展重力测量。2020 年 12 月 8 日，中国和尼泊尔共同公布了基于全球高程基准的珠穆朗玛峰最新雪面高程 8 848.86 m。

　　在 2020 年的珠峰测量中，国产测绘仪器装备全面担纲本次测量任务；从天上的北斗卫星到插在峰顶的测量觇标，从水准测量使用的水准仪到三角高程测量的全站仪，国产测量设备经受了严峻的作业环境的考验，测量精准、状态稳定，辅助测量人员出色地完成了本次测量任务，彰显我国测绘地理信息事业和科学技术的发展水平。

　　担当珠峰测量任务的国测一大队，曾被国务院授予"功绩卓著、无私奉献的英雄测绘大队"称号。他们克服种种困难胜利完成了珠峰高程测量任务，真正体现了"爱国报国、勇攀高峰的崇高精神"。精确的珠峰高程，不仅体现了他们严谨细致的测量水平，更是他们无私奉献、为国测绘的精神追求，所有测绘工作者都要学习他们这种"热爱祖国、忠诚事业、艰苦奋斗、无私奉献"的测绘精神和"不畏艰险、顽强拼搏、团结协作、勇攀高峰"的攀登精神。

任务一　掌握水准测量的原理

素质目标	1. 通过珠峰测量案例，树立专业自豪感和职业认同感； 2. 通过水准测量原理及注意事项，培养严谨细致的职业素养； 3. 通过完成学习任务，培养独立学习、自主学习的习惯
知识目标	1. 掌握水准测量的原理； 2. 掌握视线高测量的原理； 3. 掌握测段、转点及连续水准测量的原理
技能目标	1. 能利用水准测量原理计算点的高程； 2. 能利用视线高测量原理计算点的高程； 3. 能通过连续水准测量计算点的高程

课前导学

5-1 地面点的高程

5-2 水准测量的
原理（一）

5-3 水准测量的
原理（二）

引导问题 1：高程测量是按照"从整体到局部、由高级到低级"的原则来进行。以小组为单位，查阅水准测量相关规范，了解布设高程分级控制的目的和等级分类。

答：

引导问题 2：珠峰测量需要克服寒冷、缺氧等极其恶劣的自然环境，日常测量也是经常在野外进行，你认为测量人员应当具备什么样的职业素养？对你今后的学习或专业规划有什么启发？

答：

课堂实施

子任务 1：掌握水准测量的原理

如图 5-1-1 所示，A 点的高程已知，B 点的高程未知，由高差的公式 $h_{AB} = H_B - H_A$，可知 $H_B = H_A + h_{AB}$，如果能够获得两点之间的高差 h_{AB}，就能求取未知点 B 的高程。水准测量就是利用水准仪所提供的一条水平视线，配合两根直立的水准尺，测得两点之间的高差，进而求取未知点高程的一种测量方法，所以说水准测量的实质是测量两点之间的高差。

为了获取 A、B 两点的高差 h_{AB}，在 A、B 两个点上分别竖立带有分划的标尺——水准尺，在 A、B 两点之间安置可提供水平视线的仪器——水准仪。当视线水平时，在 A、B 两个点的标尺上分别读得读数 a 和 b，则 A、B 两点的高差等于两个标尺读数之差。

$$h_{AB} = a - b \tag{5-1-1}$$

如果 A 为已知高程的点，B 为待求高程的点，则 B 点的高程为

$$H_B = H_A + h_{AB} \tag{5-1-2}$$

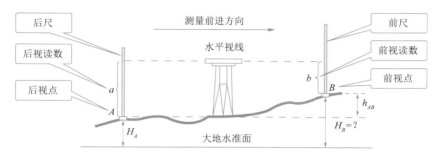

图 5-1-1 水准测量的原理

计算案例： 如图 5-1-2 所示，A 点的高程已知为 98.963 m，A 点的后视读数 a 为 1.465 m，B 点的前视读数 b 为 1.223 m，B 点的高程是多少？

解：（1）计算高差：

$$h_{AB} = a - b = 1.465 - 1.223 = 0.242 (\text{m})$$

（2）计算 B 点高程：

$$H_B = H_A + h_{AB} = 98.963 + 0.242 = 99.205 (\text{m})$$

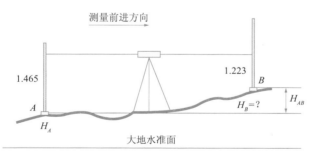

图 5-1-2 前、后视读数（单位：m）

引导问题 1： 参照图 5-1-1，小组成员之间互相讲解水准测量的原理，讲清楚前进的方向，以及什么是后视点、后视读数、前视点、前视读数？高差、高程如何计算？并绘图说明。

答：

引导问题 2： 高差的正负代表地面两点间的高程差，请绘图说明。

答：

子任务 2：掌握视线高测量

在工程测量中，有时需要安置一次仪器测算出较多点的高程，如图 5-1-3 所示，可先求出水准仪的视线高程，然后再分别计算各点高程，从图 5-1-3 中可以看出，A 点的高程 H_A 加上后视读数 a 等于水准仪的视线高程，简称视线高，一般用 H_i 表示视线高。

5-4视线高测量

$$H_i = H_A + a \qquad (5\text{-}1\text{-}3)$$

则 B 点、C 点的高程等于仪器的视线高 H_i 减去 B 尺、C 尺的读数 b、c，即为

$$H_B = H_i - b = (H_A + a) - b \quad (5\text{-}1\text{-}4)$$

$$H_C = H_i - c$$

式(5-1-2)是直接用高差计算未知点的高程，称为高差法；式(5-1-4)是利用水准仪的视线高计算未知点的高程，称为仪高法。

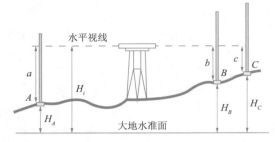

图 5-1-3　视线高测量

计算案例：如图 5-1-3 所示，已知水准点 A 的高程 $H_A = 43.251$ m，测得后视读数 $a = 1.021$ m，前视读数 $b = 2.223$ m、$c = 2.146$ m，试求视线高 H_i 以及待求点 B、C 的高程。

（1）计算视线高程

$$H_i = H_A + a = 43.251 + 1.021 = 44.272(\text{m})$$

（2）计算各点高程

$$H_B = H_i - b = 44.272 - 2.223 = 42.049(\text{m})$$

$$H_C = H_i - c = 44.272 - 2.146 = 42.126(\text{m})$$

引导问题 1：视线高测量是先计算出已知点的仪高，就可以快速地测算几个前视点的高程。请以小组为单位互相讲解仪高法测量高差的原理，并画图说明。

答：

引导问题 2：高差法与仪高法都是利用水准仪提供的水平视线测定地面点的高程，要获取水平视线，必须严格按照规范操作仪器。请根据高差法和仪高法各自的特点，分析它们分别适用于什么情况。

答：

子任务 3：掌握连续水准测量

实际测量工作中，不同等级水准测量视线长度有限制［可参阅《国家三、四等水准测量规范》(GB/T 12898—2009)］，水准尺的长度也是有限的，当路线超过一定的距离或者高差较大时，一次安置仪器无法完成高程的传递。如图 5-1-4 所示，A 是高程已知点，B 是高程待定点，需要从高程已知点 A 出发选择一条可行

5-5连续水准测量

路线，增设若干个传递高程的临时立尺点（TP_1、TP_2……TP_n），称为转点，从已知点 A 开始，依次测量 n 个测站，获得每个测站的高差，进而求 A、B 两点的高差 h_{AB}，这就是连续水准测量。

$$h_1 = a_1 - b_1$$
$$h_2 = a_2 - b_2$$
$$\cdots$$
$$\frac{h_n = a_n - b_n}{h_{AB} = \sum h = \sum a - \sum b}$$

$(5\text{-}1\text{-}5)$

h_{AB} 为 A、B 两点间测得的高差，则未知点 B 的高程为

$$H_B = H_A + h_{AB}$$

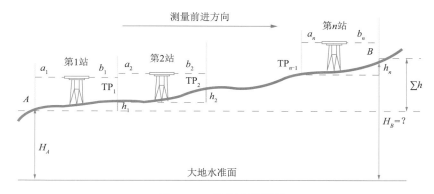

图 5-1-4　连续水准测量

计算案例： 如图 5-1-5 所示，已知 A 点的高程 $H_A = 158.320$ m，欲求 B 点高程 H_B。由于 A、B 两点距离较远，需要设转点 TP_1、TP_2、TP_3，分四站进行连续测量。现测得第一站 A—TP_1 段的后视读数 a_1 为 1.285 m，前视读数 b_1 为 1.037 m。第二站 TP_1—TP_2 的后视读数 a_2 为 1.786 m，前视读数 b_2 为 1.340 m。第三站 TP_2—TP_3 的后视读数 a_3 为 1.721 m，前视读数 b_3 为 0.889 m。第四站 TP_3—B 的后视读数 a_4 为 1.653 m，前视读数 b_4 为 1.288 m。计算 A、B 两点的高差 h_{AB} 及 B 点高程。

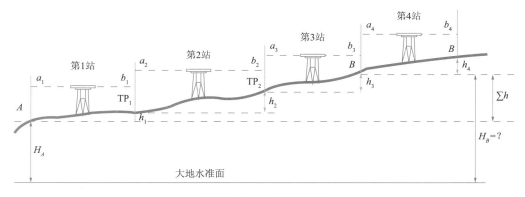

图 5-1-5　水准测量案例

解：(1)计算各分段的高差 h_i

第一站：$\qquad h_1 = a_1 - b_1 = 1.285 - 1.037 = 0.248(\text{m})$

第二站：$\qquad h_2 = a_2 - b_2 = 1.768 - 1.340 = 0.428(\text{m})$

第三站：$\qquad h_3 = a_3 - b_3 = 1.721 - 0.889 = 0.832(\text{m})$

第四站：$\qquad h_4 = a_4 - b_4 = 1.653 - 1.288 = 0.365(\text{m})$

(2)计算 A、B 两点的高差 h_{AB}

$$h_{AB} = \sum h = h_1 + h_2 + h_3 + h_4 = 1.873 \text{ m}$$

或 $\quad h_{AB} = \sum h = \sum a - \sum b = (a_1 + a_2 + a_3 + a_4) - (b_1 + b_2 + b_3 + b_4) = 1.873 \text{ m}$

(3)计算 B 点的高程 H_B

$$H_B = H_A + h_{AB} = 158.320 + 1.873 = 160.193(\text{m})$$

引导问题1：根据连续水准测量原理，画图说明连续水准测量的实施过程，分析一个测量小组需要成员的数量及成员的任务分工。

答：

引导问题2：在连续水准测量时，经常需要设置一些转点，转点在测量时的作用及注意事项有哪些？

答：

思考与练习

填空题：

1. 水准测量时，水准尺前倾会使读数变＿＿＿＿＿＿＿＿＿＿，水准尺后倾会使读数变＿＿＿＿＿＿＿＿＿＿。

2. 水准测量转点的作用是＿＿＿＿＿＿＿＿＿，因此转点必须选在稳定的地面上，通常转点处要安放＿＿＿＿＿＿＿＿？

选择题(单选)：

1. 水准测量中的转点指的是(　　　)。

　　A. 水准仪所安置的位置　　　　　　　B. 水准尺的立尺点

　　C. 为传递高程所选的立尺点　　　　　D. 水准路线的转弯点

2. 水准测量的基本原理是(　　　)。

　　A. 利用水准仪读取标尺读数，计算竖直角，从而求取两点间高差

　　B. 利用水准仪的水平视线，求取两点间高差

　　C. 利用水准仪读取标尺红面、黑面读数，通过黑面、红面读数差求取两点间高差

3. 已知 A、B 两点的高程分别为 200 m、100 m，则 B、A 两点的高差 h_{BA} 为（　　）。

    A. $+100$ m   B. -100 m   C. $+300$ m   D. -300 m

4. 已知水准点高程 $H_A = 43.251$ m，测得后视读数 $a = 1.000$ m，前视读数 $b = 2.283$ m，则视线高 H、B 点对 A 点的高差 h_{AB} 和待求点 B 的高程 H_B 分别为（　　）。

    A. 45.534 m、$+1.283$ m、44.534 m   B. 40.968 m、-3.283 m、39.968 m

    C. 44.251 m、-1.283 m、41.968 m   D. 42.251 m、$+3.283$ m、46.534 m

计算题：

1. 已知后视点 A 点的高程 $H = 127.334$ m，后视读数 $a = 1.665$ m，前视读数 $b = 1.764$ m，试计算 A、B 两点的高差 h_{AB} 和前视点 B 的高程 H_B，并绘出示意图。

2. 由已知点 A 到未知点 B 共测了两站：第一站，后视读数为 1.579 m，前视读数为 1.158 m；第二站，后视读数为 0.763 m，前视读数为 1.649 m，试计算 A、B 两点间的高差 h，并绘图表示。

知识加油站

高程控制测量精度等级宜划分为一、二、三、四、五等。各等级高程控制宜采用水准测量，四等及以下等级也可采用电磁波测距三角高程测量，五等还可采用卫星定位高程测量，测区的高程系统宜采用 1985 国家高程基准。

高程控制测量也是按照"从整体到局部、由高级到低级"的原则来进行。就是先在测区内设立一些高程控制点，并精确测出它们的高程，然后根据这些高程控制点测量附近其他点的高程。这些高程控制点称水准点，工程上常用 BM 来标记。水准点一般用混凝土标石制成，顶部嵌有金属或瓷质的标志[图 5-1-6(a)]。标石应埋在地下，埋设地点应选在地质稳定、便于使用和便于保存的地方。在城镇居民区，也可以采用把金属标志嵌在墙上的墙角水准点[图 5-1-6(b)]。临时性的水准点则可用更简便的方法来设立，例如用刻凿在岩石上的或用油漆标记在建筑物上的简易标志。

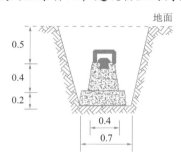

（a）埋石水准点（单位：m）

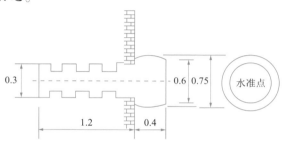

（b）墙角水准点（单位：dm）

图 5-1-6　水准点

任务二　学会使用水准仪

素质目标	1. 通过国产水准仪发展历程，感悟中国创新精神，增强民族自豪感； 2. 通过规范操作水准仪，培养精益求精的职业素养和团结协作的团队精神
知识目标	1. 认识水准测量的仪器与工具； 2. 掌握自动安平水准仪的结构
技能目标	1. 会进行自动安平水准仪的安置与整平； 2. 会在水准尺上读数并正确记录与计算

课前导学

5-6微倾式水准仪
简介

5-7自动安平
水准仪简介

引导问题1：公元前5世纪的《墨子》中，就有描述使用水平筛来确定水平线的方法，水准仪是在17~18世纪发明了望远镜和水准器后出现的，水准仪已经成为测量领域中不可或缺的重要工具之一，水准仪的发展历程也反映了人类对测量技术的不断探索和进步，以小组为单位梳理水准仪的发展历程，调研国产测绘仪器品牌及市场占有率。

答：

引导问题2：20世纪60年代，被誉为世界第八大奇迹的人工天河红旗渠，创造了无数可歌可泣的英雄事迹，例如在修建红旗渠期间由于缺少水平仪，修建者凭借经验，根据水准测量的原理，制作了一种叫"水鸭子"的简易水平仪，这个"水鸭子"在工程测量中发挥了重要作用。以小组为单位查阅资料了解"水鸭子"的工作原理，感悟"自力更生、艰苦创业、团结协作、无私奉献"的红旗渠精神。

答：

课堂实施

子任务1：认识水准测量的仪器及工具

一、认识微倾式水准仪

DS_3型微倾式水准仪主要由望远镜、水准器和基座组成，各部分名称如

5-8微倾试水准仪

图 5-2-1 所示。

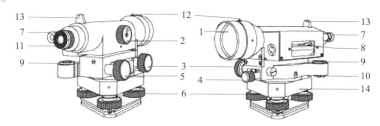

1—物镜；2—物镜对光螺旋；3—水平微动螺旋；4—水平制动螺旋；5—微倾螺旋；
6—脚螺旋；7—符合气泡观察镜；8—水准管；9—圆水准器；10—圆水准器校正螺钉；
11—目镜调焦螺旋；12—准星；13—缺口；14—轴座。

图 5-2-1　DS₃ 型微倾式水准仪

1. 望远镜

望远镜的作用是瞄准远处竖立的水准尺并读取水准尺上的读数，使测量者能看清水准尺上的分划和注记，并有读数标志。它由物镜、目镜对光透镜、十字丝分划板、物镜对光螺旋等组成，构造如图 5-2-2 所示。

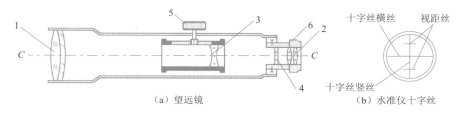

（a）望远镜　　　　　　　　　（b）水准仪十字丝

1—物镜；2—目镜；3—对光透镜；4—十字丝分划板；5—物镜对光螺旋；6—目镜调焦螺旋。

图 5-2-2　望远镜构造

望远镜有一个十字丝分划板，它是刻在玻璃片上的一组十字丝，被安装在望远镜筒内靠近目镜的一端。水准仪十字丝的图形如图 5-2-2（b）所示，十字丝分划板上刻有两条互相垂直的长线，竖直的一条称为十字丝竖丝，横的一条称为十字丝横丝或十字丝中丝（有的仪器十字丝横丝为楔形丝），它们是用来瞄准目标和读取读数的。在十字丝横丝的上、下还对称地刻有两条与其平行的短横线，是用来测定距离的，称为视距丝。通过调节目镜调焦螺旋，使分化板成像清晰。十字丝交点和物镜光心的连线称为视准轴，也就是视线，它是瞄准目标和读数的依据，视准轴是水准仪的主要轴线之一。

2. 水准器

水准器是用以置平仪器的一种设备，是测量仪器上的重要部件。水准器分为管水准器和圆水准器两种。

（1）管水准器

管水准器又称水准管，是一个封闭的玻璃管，管的内壁在纵向磨成圆弧形，其半径为80~200 m。管内盛酒精、乙醚或两者混合的液体，并留有一气泡（图 5-2-3）。管面上刻有间隔为 2 mm 的分划线，分划的中点称水准管的零点。过零点与管内壁在纵向相切的直线称水准管轴（LL）。当气泡的中心点与零点重合时，称气泡居中，气泡居中时水准管轴位于水平位置。

水准管上一格(2 mm)所对应的圆心角称为水准管的分划值，一般用 τ 表示。根据几何关系可以看出，分划值也是气泡移动一格水准管轴所变动的角值(图5-2-3)。

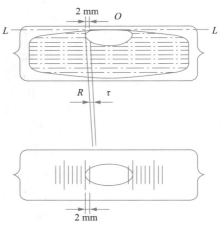

$$\tau = \frac{2}{R} \rho'' \qquad (5\text{-}2\text{-}1)$$

式中　τ——水准管分化值；

　　　R——水准管圆弧半径；

　　　ρ''——弧度的秒数，$\rho'' = 206\ 265''$。

水准仪上水准管的分划值为 $10'' \sim 20''$，水准管的分划值愈小，视线置平的精度愈高。但水准管的置平精度还与水准管的研磨质量、液体的性质和气泡的长度有关。在这些因素的综合影响下，使气泡

图 5-2-3　水准管

移动 0.1 格时水准管轴所变动的角值称水准管的灵敏度。能够被气泡的移动反映出水准管轴变动的角值愈小，水准管的灵敏度就愈高。

为了提高气泡居中的精度，在水准管的上面安装一套棱镜组(图5-2-4)，使两端各有半个气泡的影像被反射到一起。如图5-2-5所示，当气泡两端的影像合成一个光滑的圆弧，表示气泡居中，若两端影像错开，则表示气泡不居中，可转动微倾螺旋使气泡影像吻合。这种水准器称为符合水准器，是微倾式水准仪上普遍采用的水准器。

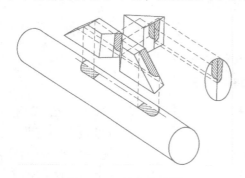

图 5-2-4　符合水准器

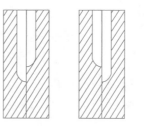

(a)气泡不居中　　(b)气泡居中

图 5-2-5　符合水准器影像

(2)圆水准器

圆水准器是一个封闭的圆形玻璃容器，顶盖的内表面为一球面，容器内盛乙醚类液体，留有一小圆气泡(图5-2-6)。容器顶盖中央刻有一小圈，小圈的中心是圆水准器的零点。通过零点的球面法线是圆水准器轴，当圆水准器的气泡居中时，圆水准器的轴位于铅垂位置。圆水准器的分划值，是顶盖球面上 2 mm 弧长所对应的圆心角值，水准仪上圆水准器的角值为 $8' \sim 15'$。由于它的精度较低，故常用于仪器的粗略整平。

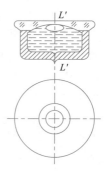

图 5-2-6　圆水准器

3. 基座

用于置平仪器，它支撑仪器的上部，使其在水平方向上转动，并通过连接螺旋与三脚架连接。基座主要由轴座、脚螺旋、三角压板和底板构成。调节三个脚螺旋可使圆水准器的气泡居中，使仪器粗略整平。

引导问题1：水准测量的关键是水准仪能够提供一条水平视线，为此水准仪安装有圆水准器与管水准器，以小组为单位探讨圆水准器与管水准器的工作原理。

答：

引导问题2：如图5-2-7所示，对照水准仪熟记望远镜各部分的名称及作用。

答：

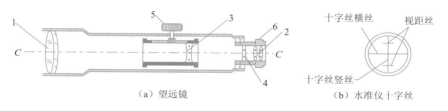

（a）望远镜　　　　　　　　（b）水准仪十字丝

图 5-2-7　望远镜构造示意

1—_____；2—_____；3—_____；
4—_____；5—_____；6—_____。

二、认识自动安平水准仪

自动安平水准仪是指在一定的竖轴倾斜范围内，利用补偿器自动获取视线水平时水准标尺读数的水准仪。用自动安平补偿器代替管状水准器时，在仪器微倾时补偿器受重力作用而相对于望远镜筒移动，使视线水平时标尺上的正确读数通过补偿器后仍旧落在水平十字丝上。因此自动安平水准仪的结构特点是没有管水准器和微倾螺旋（图5-2-8），它可简化操作手续、提高作业速度，以减少外界条件变化所引起的观测误差。

5-9自动安平水准仪

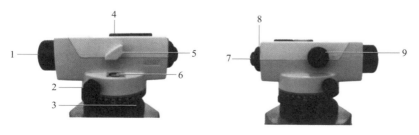

1—物镜；2—微动螺旋；3—脚螺旋；4—粗准器；
5—反光镜；6—圆水准器；7—目镜；8—目镜调焦螺旋；9—物镜调焦螺旋。

图 5-2-8　自动安平水准仪

国产自动安平水准仪的型号是在 DS 后加字母 Z，即为：DSZ$_{05}$、DSZ$_1$、DSZ$_3$、DSZ$_{10}$，其中 Z 代表"自动安平"汉语拼音的首字母。

引导问题1：对比微倾式水准仪与自动安平水准仪，观察两种仪器的异同。

答：

引导问题2：以小组为单位分析视线自动安平的原理及自动安平水准仪的使用注意事项。

答：

三、认识数字水准仪

数字水准仪又称电子水准仪（图5-2-9），是在仪器望远镜光路中增加了分光镜和光电探测器（CCD 阵列）等部件，采用条形码分划水准尺和图像处理电子系统构成光、机、电及信息存储与处理的一体化水准测量系统。

5-10数字水准仪

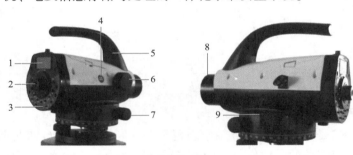

1—显示屏；2—目镜；3—键盘；4—触发键；5—粗瞄器；6—调焦螺旋；
7—水平微动螺旋；8—遮光罩及物镜；9—水平气泡。

图 5-2-9　数字水准仪

引导问题：对比光学水准仪，数字水准仪有哪些特点？
答：

四、认识水准尺及尺垫

水准尺是进行水准测量时与水准仪配合使用的标尺，常用干燥的优质木材、铝合金或硬塑料等材料制成。要求尺长稳定、分划准确且不容易变形。常用的水准尺有塔尺、双面尺、条码尺，尺上装有水准器，用于判断立尺是否竖直。

双面水准尺是一面为黑色、另一面为红色的分划尺，每两根为一对。两根的黑面都以尺底为零，而红面的尺底分别为 4.687 m 和 4.787 m，这个常数称为尺常数，利用双面尺可对读数进行检核。

尺垫用于转点处，由生铁铸成，一般为三角形板座，其下方有三个脚，可以踏入土，使转点稳固、防止下沉。尺垫上方有一突起的半球体，水准尺立在半球体的顶面，如图 5-2-10 所示。

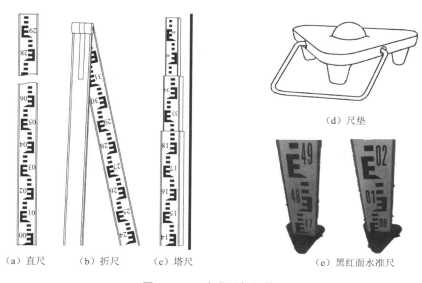

(a) 直尺   (b) 折尺   (c) 塔尺   (d) 尺垫   (e) 黑红面水准尺

图 5-2-10　水准尺与尺垫

引导问题 1：为了保证测量精度，不同等级的水准测量，配套的尺垫的重量是否一样？请查阅规范。

答：

引导问题 2：以小组为单位认识水准尺，分析水准尺上的刻划与数字标记。

答：

子任务 2：学会使用自动安平水准仪

自动安平水准仪的操作包括：安置—粗平—瞄准—读数。

1. 安置

安置三脚架要求高度适当、架头大致水平且牢固稳妥，在山坡上应使三脚架的两脚在坡下、一脚在坡上，然后把水准仪用中心连接螺旋连接到三脚架上，取水准仪时必须握住仪器的坚固部位，并确认已牢固地连接在三脚架上之后才可放手。

5-11水准仪操作
与使用

2. 粗平

仪器的粗略整平是调整脚螺旋使圆水准器的气泡居中。不论圆水准器在任何位置，先旋转任意两个脚螺旋使气泡移到通过圆水准器零点并垂直于这两个脚螺旋连线的方向上，如图5-2-11所示，气泡自 a 移到 b，如此可使仪器在这两个脚螺旋连线的方向处于水平位置。然后单独旋转第三个脚螺旋使气泡居中，如此使原两个脚螺旋连线的垂线方向亦处于水平位置，从而使整个仪器置平，如仍有偏差可重复进行。操作时必须记住以下三条要领：

5-12圆水准器粗平

（1）先旋转两个脚螺旋，然后旋转第三个脚螺旋。

（2）旋转两个脚螺旋时必须作相对的转动，即旋转方向应相反。

（3）气泡移动的方向始终和左手大拇指移动的方向一致。

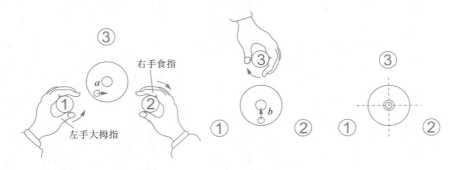

图5-2-11　圆水准器粗平

3. 瞄准

用望远镜照准目标，必须先调节目镜使十字丝清晰，然后利用望远镜上的准星从外部瞄准水准尺，再旋转调焦螺旋使尺像清晰，也就是使尺像落到十字丝平面上，这两步不可颠倒。最后用微动螺旋使十字丝竖丝照准水准尺（图5-2-12），为了便于读数，也可使尺像稍偏离竖丝。当照准不同距离处的水准尺时，需重新调节调焦螺旋才能使尺像清晰，但十字丝可不必再调。

找准目标时必须消除视差。当观测时把眼睛稍作上、下移动，如果尺像与十字丝有相对的移动，即读数有改变，则表示有视差存在，其原因是尺像没有落在十字丝平面上[图5-2-13（a）]。

存在视差时不可能得出准确的读数。消除视差的方法是一边稍旋转调焦螺旋，一边仔细观察，直到不再出现尺像和十字丝有相对移动为止，即尺像与十字丝在同一平面上[图5-2-13（b）]。

5-13视差

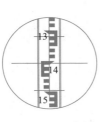

图5-2-12　读数

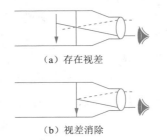

（a）存在视差

（b）视差消除

图5-2-13　视差

4. 读数

用十字丝中间的横丝读取水准尺的读数。从尺上可直接读出米、分米和厘米数，并估读出毫米数，所以每个读数必须有四位数。如果某一位数是零，也必须读出并记录，不可省略，如图5-2-12所示。读数前应先认清水准尺的分划特点，特别应注意与注字相对应的分米分划线的位置。

5-14读数

引导问题1：精准的测量数据不仅是工程设计和施工的基础，也是保障整个项目质量和安全的前提。为提高测量的精度与安全，安置仪器时应注意哪些问题？

答：

引导问题2：看图5-2-11说明水准仪的粗略整平要领，并练习仪器粗平。

答：

引导问题3：画图说明什么是视差，如何消除视差，并完成5组读数练习。

答：

实训7：自动安平水准仪的认识与使用。

实训7-1自动安平水准仪的认识与使用实训指导

实训7-2自动安平水准仪的认识与使用实训报告

5-15水准测量操作注意事项

💻 **课后延学**

1. 完成自动安平水准仪认识与操作虚拟仿真练习；
2. 试完成数字水准仪的认识与使用。

🔍 **思考与练习**

选择题(单选)：

1. 视准轴是指( )的连线。

　A. 目镜中心与物镜中心　　　　　　B. 十字丝中央交点与物镜光心

C. 目镜光心与十字丝中央交点   D. 十字丝中央交点与物镜中心

2. 过水准管零点所作其内壁圆弧的纵向切线称为水准管轴，过圆水准器零点的球面法线称为圆水准器轴。如仪器已检校，当气泡居中时，这两条轴线分别处于(   )。

   A. 水平、铅直   B. 倾斜、倾斜

   C. 铅直、水平   D. 垂直十字丝纵丝、垂直十字丝横丝

3. 水准管的灵敏度用水准管分划值 τ 表示，τ 与水准管圆弧半径的关系是(   )。

   A. 成正比   B. 成反比   C. 无关   D. 成平方比

简答题：

1. 分别说明微倾式水准仪和自动安平水准仪的构造特点。

2. 什么是水准管分划值？它的大小和整平仪器的精度有什么关系？圆水准器和管水准器的作用有何不同？

3. 什么叫水准管轴？什么叫视准轴？它们应满足什么关系？

📖**知识加油站** --

自动安平水准仪补偿器的种类很多，但一般都是采用吊挂补偿装置，借助重力进行自动补偿，达到视线自动安平的目的。

图 5-2-14 是 DSZ_3 自动安平水准仪的内部光路结构示意。在对光透镜和十字丝分划板之间安设补偿器，通过该补偿器把屋脊棱镜固定在望远镜筒内。在屋脊棱镜的下方，用交叉的金属片吊挂着两个直角棱镜。直角棱镜在重力为 g 的物体作用下，与望远镜做相对的偏转。为使吊挂的直角棱镜尽快停止摆动并处于静止状态，还设有空气阻尼器。

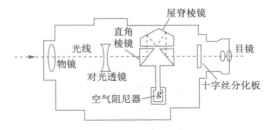

图 5-2-14 DSZ_3 自动安平水准仪的内部光路结构示意

当视准轴水平时，它的光路如图 5-2-15 所示。水平光线进入物镜后经第一个直角棱镜反射到屋脊棱镜，在屋脊棱镜内做 3 次反射到达另一个直角棱镜，又被反射 1 次，最后通过十字丝的交点。

　　若视准轴倾斜，则光路的变化情况如下：如图 5-2-15 所示，视准轴已经倾斜，而直角棱镜随之倾斜，即补偿器没有发生作用的光路。当望远镜倾斜微小的 α 角时，如果两个直角棱镜随着望远镜一起倾斜了 α 角，则原来的水平光线经两个直角棱镜反射后，并不经过十字丝中心 Z，而是通过 A 点，因此无法读得视线水平时的读数 a_0。此时，十字丝中心 Z 通过倾斜棱镜的反射，在尺上的读数为 a，并不是视线水平时的读数。

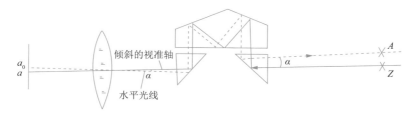

图 5-2-15　光路

　　实际上，吊挂的两个直角棱镜在重力作用下并不随望远镜倾斜，而是相对于望远镜的倾斜方向做反向偏转，图 5-2-16 中的实线直角棱镜相对于虚线直角棱镜偏转了 α 角。这时，原水平光线（粗线表示）通过偏转后的直角棱镜（即起补偿作用的棱镜）的反射，到达十字丝中心 Z，因此仍能读得视线水平时的读数 a_0，从而达到补偿的目的。由图 5-2-16 可知，当望远镜倾斜 α 角时，通过补偿的水平光线（实线）与未经补偿的水平光线（虚线）之间的夹角为 β。由于吊挂的直角棱镜相对于倾斜的视准轴偏转了 α 角，反射后的光线偏转了 2α 角，通过两个直角棱镜的反射，$\beta = 4\alpha$。

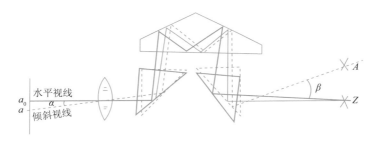

图 5-2-16　自动补偿原理

任务三　掌握等外水准测量

素质目标	1. 自主查阅测量规范，树立规范意识，培养职业素养； 2. 以小组为单位开展实训，培养团队精神和认真细致的工作作风
知识目标	1. 了解水准点的种类、水准点的布设形式； 2. 掌握外业观测程序与要求； 3. 掌握水准测量的内业平差与计算
技能目标	1. 会布设水准路线； 2. 会等外水准的观测与记录； 3. 会水准测量内业计算和精度评定

课前导学

5-16等外水准
测量（动画）

引导问题 1：为了防止测量错误的发生，避免误差的积累，提高测量的精度，在实际工作中有一个原则是"步步有检核"，请结合项目五任务一中连续水准测量的知识，分析水准测量的计算检核有哪几项，目的是什么？

答：

引导问题 2：测量规范是测量工作者开展测量工作的基本依据，不同等级的水准测量有不同的测量要求，请查阅规范，明确等外水准测量的限差有哪些？

答：

课堂实施

子任务 1：认识水准路线

水准测量的任务，是从已知高程的水准点开始测量其他水准点或地面点的高程。测量前应根据要求布置并选定水准点的位置，埋设好水准点标石，拟定水准测量路线。水准路线有以下几种形式：

1. 附合水准路线

附合水准路线是水准测量从一个高级水准点开始，结束于另一个高级水准点的水准路线。这种形式的水准路线，可使测量成果得到可靠的检核［图 5-3-1（a）］。

2. 闭合水准路线

闭合水准路线是水准测量从已知高程的水准点开始，最后又闭合到起始点的水准路线。这种形式的水准路线也可以使测量成果得到检核［图 5-3-1（b）］。

3. 水准支线

水准支线是由已知高程的水准点开始，最后既不附合也不闭合到已知高程的水准点上的一种水准路线。这种形式的水准路线由于不能对测量成果自行检核，因此必须进行往测和返测，或用两组仪器进行并测［图 5-3-1（c）］。

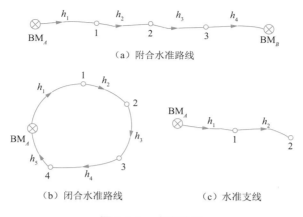

(a) 附合水准路线

(b) 闭合水准路线   (c) 水准支线

图 5-3-1　水准路线

4. 水准网

当几条附合水准路线或闭合水准路线连接在一起时，就形成了水准网（图 5-3-2）。水准网可使检核成果的条件增多，因而可提高成果的精度。水准网中单一水准路线相互连接的点称为结点，如图 5-3-2（a）中的点 4 和图 5-3-2（b）中的点 1、点 2、点 3 和图 5-2-3（c）中的点 1、点 2、点 3 和点 4。

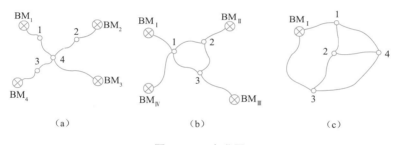

（a）　　　　　　　　　　（b）　　　　　　　　　　（c）

图 5-3-2　水准网

子任务 2：掌握等外水准测量外业

如图 5-3-3 所示，图中 A 为已知高程的点，B 为待求高程的点。

5-17 等外水准测量

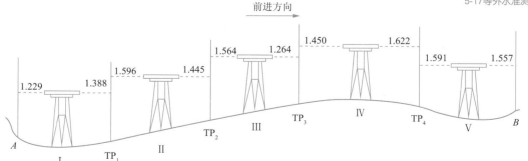

图 5-3-3　水准测量路线

（1）将水准尺立于已知高程水准点 A 上，作为后视。

（2）将水准仪安置于水准路线适当的位置，在施测路线的前进方向上适当的位置（如 TP_1）处立尺垫，并将尺垫踩实放好，在尺垫上竖立水准尺作为前视。水准仪到两根水准尺的距离应基本相等，仪器到水准尺的距离不得大于 100 m。

（3）将仪器粗平后，瞄准后尺，消除视差，读取中丝读数，记入表 5-3-1。

（4）调转水准仪，瞄准前尺，消除视差，读取中丝读数，记入表 5-3-1；并根据记录的读数计算高差，$h_1 = a_1 - b_1 = -0.159$ m，记入表 5-3-1。

（5）将仪器搬至第二站，第一站转点 TP_1 前尺不动，变成第二站的后尺，第一站的后尺移到前面适当的位置（如 TP_2）作为第二站的前尺，按第一站相同的观测程序进行第二站测量。

（6）依次沿水准路线前进方向观测，直到待求高程点 B 完毕。观测所得每一读数应立即记入表 5-3-1。

表 5-3-1　水准测量手簿一

测　点	后视读数（m）	前视读数（m）	高差（m）		高程（m）	备　注
			+	−		
A	1.229				48.703	$H_A = 48.703$ m
TP_1	1.596	1.388		0.159	—	
TP_2	1.564	1.445	0.151		—	
TP_3	1.450	1.264	0.300		—	
TP_4	1.591	1.622		0.172	—	
B		1.557	0.034		48.857	
$\sum$	7.430	7.276	0.485	0.331		
计算检核	$\sum a - \sum b = 0.154$ m，$\sum h = 0.154$ m，$H_B - H_A = 0.154$ m。					

引导问题 1：转站的时候，临时转点即是上一站的前视，又是下一站的后视，必须观测完毕再搬站？为什么？临时转点的高程需要计算吗？

答：

引导问题 2：如图 5-3-4 所示，已知水准点 1 的高程为 78.256 m，由水准点 1 到水准点 2 的施测过程及读数如图 5-3-4 所示，试填写表 5-3-2，并计算水准点 2 的高程。

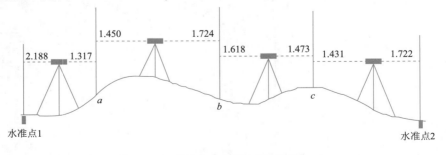

图 5-3-4　附合水准路线实例（单位：m）

答：

表 5-3-2　水准测量手簿二

测　点	水准尺读数(m)		高差 h(m)		高程(m)	备　注
	后视 a(m)	前视 b(m)	+	–		
BM$_1$						
TP$_a$						
TP$_b$						
TP$_c$						
BM$_2$						
$\sum$						
计算检核	$\sum a - \sum b =$		$\sum h =$			

子任务 3：掌握水准测量的成果计算

1. 附合水准测量路线成果计算

对于附合水准路线，理论上在两个已知高程水准点间所测的各站高差之和应等于起讫两个水准点间高程之差，即

$$\sum h = H_{终} - H_{始}$$

5-18附合水准
成果计算

如果它们不能相等，其差值称为高差闭合差，用 f_h 表示，所以附合水准路线的高差闭合差为

$$f_h = \sum h - (H_{终} - H_{始}) \tag{5-3-1}$$

高差闭合差的大小在一定程度上反映了测量成果的质量。

在各种不同性质的水准测量中，都规定了高差闭合差的限值，即容许高差闭合差，用 $f_{h容}$ 表示。在《测量标准》中地形测量的图根控制测量容许高差闭合差为

$$\left.\begin{array}{ll} 平地： & f_{h容} = \pm 40\sqrt{L} \quad (mm) \\ 山地： & f_{h容} = \pm 12\sqrt{n} \quad (mm) \end{array}\right\} \tag{5-3-2}$$

高程控制测量五等水准的容许高差闭合差为

$$平地： \quad f_{h容} = \pm 30\sqrt{L} \quad (mm) \tag{5-3-3}$$

式中，L 为附合水准路线或闭合水准路线的长度，在水准支线上，L 为测段的长，均以 km 为单位，n 为测站数。

当实际闭合差小于容许闭合差时，表示观测精度满足要求，否则应对外业资料进行检查，甚至返工重测。

计算案例：按图根水准测量的方法测得各测段的观测高差和水准路线的长度如图 5-3-5 所示，BM$_A$、BM$_B$ 为已知高程的水准点，1、2、3 为待定高程的水准点。高差闭合差的调

整及各点高程的计算列于表 5-3-3 中。

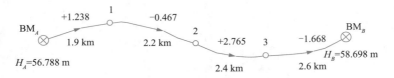

图 5-3-5　附合水准路线

（1）高差闭合差的计算

按平地图根水准测量的精度要求计算高差闭合差容许值为

$$f_\mathrm{h} = \sum h - (H_B - H_A) = 1.868 - (58.698 - 56.788) = -42 (\mathrm{mm})$$

$$f_\mathrm{h容} = \pm 40 \sqrt{9.1} \approx \pm 121 (\mathrm{mm})$$

$|f_\mathrm{h}| < |f_\mathrm{h容}|$，精度符合要求。

表 5-3-3　附合水准路线成果计算一

测　段	点　号	路线长度（km）	实测高差（m）	改正数（mm）	改正后高差（m）	高程（m）
1	BM$_A$	1.9	+1.238	9	+1.247	56.788
2	1	2.2	-0.467	10	-0.457	58.035
3	2	2.4	+2.765	11	+2.776	57.578
4	3	2.6	-1.668	12	-1.656	60.354
	BM$_B$					58.698
$\sum$		9.1	+1.868	+42	+1.910	
辅助计算	$f_\mathrm{h} = -42$ mm, $f_\mathrm{h容} = \pm 40 \sqrt{9.1} \approx \pm 121 (\mathrm{mm})$, $|f_\mathrm{h}| < |f_\mathrm{h容}|$。					

（2）高差闭合差的调整

闭合差分配的原则是将闭合差以相反的符号根据测站数或水准路线的长度成比例分配到各测段的高差上。各测段高差的改正数用公式表示为

$$\nu_i = -\frac{f_\mathrm{h}}{\sum L} \cdot L_i \qquad (5\text{-}3\text{-}4)$$

或

$$\nu_i = -\frac{f_\mathrm{h}}{\sum n} \cdot n_i \qquad (5\text{-}3\text{-}5)$$

式中　　ν_i——分配给第 i 测段高差上的改正数；

L_i，n_i——各测段路线之长和测站数；

$\sum L$，$\sum n$——水准路线总长和测站总数。

本例中，第 BM$_A$—1 段的改正数为

$$\nu_1 = -\frac{-42}{9.1} \times 1.9 \approx 9 (\mathrm{mm})$$

将各测段改正数填入表 5-3-3 中相应的栏内。

计算检核：各测段改正数的总和应与高差闭合差的大小相等、符号相反，即：$\sum \nu_i = -f_\mathrm{h}$。

如果绝对值不等，则说明计算有误，应重新计算。

（3）各测段改正后高差的计算

各测段改正后高差等于各测段观测高差加上相应的改正数，便得到改正后的高差值。

本例中，第 BM_A—1 段改正后高差为

$$h_{1改} = +1.238 + 0.009 = 1.247(m)$$

将各测段改正后高差填入表5-3-3中相应的栏内。

计算检核：

$$\sum \nu_i = 42 \text{ mm}$$

$$-f_h = -(-42 \text{ mm}) = 42 \text{ mm}$$

（4）各待定点高程的计算

根据检验过的改正后高差，由起点 BM_A 开始，逐点计算出各点的高程，即

$$H_i = H_{i-1} + h_{i改}$$

最后算得的 BM_B 点高程应与已知值相等，否则说明高程的计算有误。

引导问题1：请依据计算案例，整理附合水准路线的内业计算流程。

答：

引导问题2：水准测量的内业计算中，哪些项目属于计算检核？目的是什么？

答：

引导问题3：按图根水准测量的方法测得各测段的观测高差和水准路线的长度如图5-3-6所示，BM_A、BM_B 为已知高程的水准点，1、2、3 为待定高程的水准点。请完成表5-3-4所示的附合水准路线成果计算。

答：

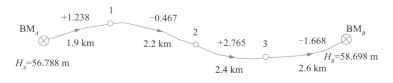

图 5-3-6　附合水准测量成果

表 5-3-4　附合水准路线成果计算二

测　段	点　号	路线长度(km)	测站数	实测高差(m)	改正数(mm)	改正后高差(m)	高程(m)
1	BM_A						56.788
2	1						
3	2						
4	3						
	BM_B						58.698
$\sum$							
辅助计算							

2. 闭合水准测量路线成果计算

闭合水准测量路线是从一已知高程的水准点开始，最后又闭合到起始点上的水准路线。这种形式的水准路线也可以使测量成果得到检核，如图 5-3-7 所示。

5-19闭合水准
成果计算

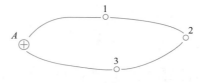

图 5-3-7　闭合水准路线

闭合水准路线成果计算步骤与附合水准路线成果计算步骤相同，只是高差闭合差的计算公式不同。

1. 计算闭合差并检核

$$f_h = \sum h_{测} \tag{5-3-6}$$

检核：
$$f_h \leqslant f_{h允}$$

2. 计算高差改正数

$$\nu_i = \frac{-f_h}{\sum L} \times L_i$$

或
$$\nu_i = \frac{-f_h}{\sum n} \times n_i$$

检核：
$$\sum \nu_i = -f_h$$

3. 计算改正后高差

$$h_{i改} = h_i + \nu_i$$

检核：
$$\sum h_{i改} = 0$$

4. 计算各测点高程

$$H_i = H_{i-1} + h_{i改}$$

引导问题1：图5-3-8为某工程闭合水准测量，根据图5-3-8中观测数据完成表5-3-5。已知水准点 A 的高程为89.268 m，闭合水准路线的总长约5.0 km。

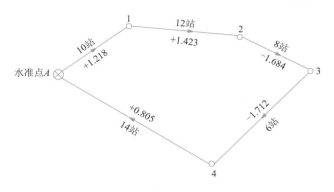

图5-3-8　某工程闭合水准测量

表5-3-5　闭合水准路线成果计算

测　段	点　名	测站数	实测高差(m)	改正数(m)	改正后的差(m)	高程(m)	备　注
1	2	3	5	6	7	8	
Σ							

辅助计算：

引导问题2：参照国赛地理空间信息数据采集与处理赛项评分标准，查阅内外业记录、计算表的填写注意事项。

答：

引导问题3：内业计算表中辅助计算有哪些内容？目的是什么？

答：

3. 支水准测量路线的成果计算

水准支线(图5-3-9)因为没有检核条件，一般采用往返观测或者两组并测：

图 5-3-9 支水准测量路线

5-20支水准成果
计算

往返观测 $\qquad f_h = \sum h_{往} + \sum h_{返}$ (5-3-7)

两组并测 $\qquad f_h = \sum h_1 - \sum h_2$ (5-3-8)

当高差闭合差小于限差时，应将闭合差反号后平均分配在往测和返测的实测高差上。

$$\sum h'_{往} = \sum h_{往} + \left(-\frac{f_h}{2}\right)$$ (5-3-9)

计算案例：在 A、B 两点间进行往返水准测量，已知 $H_A = 44.334$ m，$\sum h_{往} = +0.078$ m，$\sum h_{返} = -0.086$ m，A、B 间路线长 $L = 1.6$ km，求改正后 B 点的高程（按图根水准测量精度要求计算）。

高差闭合差： $\qquad f_h = \sum h_{往} + \sum h_{返} = 0.078 + (-0.086) = -0.008(m)$

容许高差闭合差： $f_{h容} = \pm 40\sqrt{1.6} \approx \pm 51(mm)$，$|f_h| < |f_{h容}|$，故精度符合要求。

改正后往测高差： $\quad \sum h'_{往} = \sum h_{往} + \left(-\frac{f_h}{2}\right) = 0.078 + 0.004 = +0.082(m)$

改正后返测高差： $\quad \sum h'_{返} = \sum h_{返} + \left(-\frac{f_h}{2}\right) = -0.086 + 0.004 = -0.082(m)$

故 B 点高程 $\qquad H_B = H_A + \sum h'_{往} = 44.334 + 0.082 = 44.416(m)$

或 $\qquad H_B = H_A - \sum h'_{返} = 44.334 - (-0.082) = 44.416(m)$

引导问题1：在 A、B 两点间进行水准测量，采用两组并测的方式，已知 $H_A = 44.334$ m，$\sum h_1 = +0.188$ m，$\sum h_2 = 0.186$ m，A、B 间路线长 $L = 1.6$ km，求改正后 B 点的高程（按图根水准测量精度要求计算）。

答：

引导问题2：请查阅相关工程测量规范，查证支水准路线长度有何限制？

答：

实训8：等外水准测量。

实训8-1等外水准
测量实训指导

实训8-2等外水准
测量实训报告

课后延学

以小组为单位，查阅高程测量常用的方法，分析它们各有什么特点。

思考与练习

选择题（单选）：

1. 附合水准路线 A—1—2—3—B 中，水准点 A、B 的高程分别为 104.350 m、107.215 m，又测得高差 $h_{AB} = +2.850$ m，则高差闭合差 f_h 为（ ）。

    A. +0.015 m　　　　B. -0.015 m　　　　C. +2.850 m　　　　D. +5.715 m

2. 公式（ ）是用于附合水准路线的成果校核。

    A. $f_h = \sum h$

    B. $f_h = \sum h - (H_{终} - H_{始})$

    C. $f_h = \sum 往 + \sum 返$

    D. $f_h = \sum a - \sum b$

3. 自水准点 M（$H_M = 100.000$ m）经8个站测至待定点 A，得 $h_{MA} = +1.021$ m。再由 A 点经12个站测至另一水准点 N（$H_N = 105.121$ m），得 $h_{AN} = +4.080$ m，则平差后的 A 点高程为（ ）。

    A. 101.029 m　　　　B. 101.013 m　　　　C. 101.031 m　　　　D. 101.021 m

4. 水准路线闭合差调整即对高差进行改正，方法是将高差闭合差按与测站数（或路线长度 km 数）成（ ）的关系求得高差改正数。

    A. 正比例并同号

    B. 反比例并反号

    C. 正比例并反号

    D. 反比例并同号

5. 平地地区的高程控制测量五等水准闭合差容许值，一般规定为（ ）mm（L 为公里数，n 为测站数）。

    A. $\pm 40\sqrt{L}$　　　　B. $\pm 30\sqrt{L}$　　　　C. $\pm 30\sqrt{n}$　　　　D. $\pm 6\sqrt{n}$

6. 水准测量记录表中，如果 $\sum h = \sum a - \sum b$，则说明（ ）是正确的。

    A. 记录　　　　B. 计算　　　　C. 观测

计算题：

1. 表5-3-6列出水准点 A 到水准点 B 的水准测量观测成果，试计算高差、高程，并作校核计算。

表 5-3-6　测量成果一

测　　点	水准尺读数（m）		高差 h（m）		高程（m）	备　　注
	后视 a（m）	前视 b（m）	+	-		
BM₁	1.619	——	——	——	514.786	已知 A 点高程
	1.035	1.985				
	0.677	1.419				
	1.978	1.763				
BM₂		2.314				
∑						
计算校核	$\sum a - \sum b =$		$\sum h =$		$H_B - H_A =$	

2. 根据图 5-3-10，计算并调整表 5-3-7，已知水准点 14 至水准点 15 间的单程水准路线长度为 32 km，按等外水准计算容差。

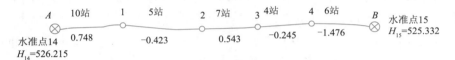

图 5-3-10　某铁路水准路线

表 5-3-7　测量成果二

测　　段	点　　名	测 站 数	实测高差（m）	改正数（m）	改正后的高差（m）	高程（m）	备　　注
1	2	3	4	5	6	7	
1	BM₁₄						
2	1						
3	2						
4	3						
5	4						
∑	BM₁₅						

辅助计算：

📖 知识加油站 ---

水准测量的检核：

为了保证水准测量成果的正确、可靠，对水准测量的成果必须进行检核。检核方法有计算检核、测站检核和水准路线成果检核。

5-21水准测量的
检核

1. 计算检核

在每一测段结束后或手簿上每一页之末，必须进行计算检核。式(5-3-10)说明了两点的高差等于连续各段高差的代数和，也等于后视读数之和减去前视读数之和。式(5-3-10)可作为计算检核之用。

$$\sum a - \sum b = \sum h = H_{终} - H_{始} \tag{5-3-10}$$

如不相等，则计算中必有错误，应进行检查。但这种检核只能检查计算工作有无错误，并不能检查出测量过程中所发生的错误，如观测和记录等环节发生的错误。

2. 测站检核

为防止在一个测站上发生错误而导致整个水准路线结果的错误，可在每个测站上对观测结果进行检核，方法如下：

(1) 两次仪器高法：在每一测站上用两次不同仪器高度的水平视线(改变仪器高度应在10 cm以上)来测定相邻两点间的高差；如果两次高差观测值不相等，对图根水准测量，其差的绝对值应小于5 mm，则认为符合要求，并取其平均值作为最后结果，否则应重测。

(2) 双面尺法：是指不改变仪器的高度，而立在前视点和后视点上的水准尺分别用黑面和红面各进行一次读数，测得两次高差，相互比较，进行检核。若同一水准尺红面与黑面读数(加常数后)之差，以及两红面尺计算的高差与黑面尺计算的高差之差，均在容许值范围内，则取其平均值作为该测站观测高差。否则，需要检查原因，重新观测。

3. 水准路线成果检核

测站检核只能检核单个测站上的观测精度和计算，对于整条水准路线，由于温度、风力、大气折射及立尺点变动等外界条件引起的误差和尺子倾斜、估读误差及水准仪本身的误差等原因，即使在单个测站上成果是合格的，但整条水准路线累积的结果将可能超过容许的限差。因此，还须进行整条水准路线的成果检核，即将观测结果和理论值相比较。成果检核的方法随着水准路线布设形式的不同而不同。

(1) 附合水准路线的成果检核

为使测量成果得到可靠的检核，最好把水准路线布设成附合水准路线。对于附合水准路线，理论上在两已知高程水准点间所测的各站高差之和应等于起讫两水准点间高程之差，即

$$\sum h = H_{终} - H_{始}$$

如果它们不相等，其差值称为高差闭合差，用f_h表示。所以附合水准路线的高差闭合差为

$$f_h = \sum h - (H_{终} - H_{始}) \tag{5-3-11}$$

高差闭合差的大小在一定程度上反映了测量成果的质量。

(2) 闭合水准路线的成果检核

在闭合水准路线上亦可对测量成果进行检核。对于闭合水准路线，因为它起讫于同一个点，所以理论上全线各站高差之和应等于零，即

$$\sum h = 0 \tag{5-3-12}$$

如果高差之和不等于零，则其差值即$\sum h$，就是闭合水准路线的高差闭合差，即

$$f_h = \sum h$$

（3）水准支线的成果检核

水准支线必须在起终点间用往返测进行检核。理论上往返测所得高差的绝对值应相等，但符号相反，或者往返测高差的代数和应等于零，即

$$\sum h_{往} = -\sum h_{返}$$

如果往返测高差的代数和不等于零，其值即为水准支线的高差闭合差，即

$$f_h = \sum h_{往} + \sum h_{返}$$

有时也可以用两组并测来代替一组的往返测以加快工作进度。两组所得高差应相等，若不等，其差值即为水准支线的高差闭合差，故

$$f_h = \sum h_1 - \sum h_2$$

任务四 学会三、四等水准测量

素质目标	1. 通过测量工作案例，激发学习动力，培养专业素养； 2. 按国赛标准组织实训，激发竞争意识、团队意识
知识目标	1. 掌握三、四等水准测量的技术要求； 2. 掌握三、四等水准测量的外业实施过程； 3. 掌握三、四等水准测量计算与检核过程
技能目标	1. 会以小组为单位实施四等水准测量； 2. 会独立完成四等水准测量的内业计算； 3. 会评价四等水准测量的成果质量

🖐 课前导学

5-22三、四等水准
测量

引导问题1：三、四等水准测量一般应与国家一、二等水准网进行联测，除用于国家高程控制网加密外，还用于建立小地区首级高程控制网，以及建筑施工区内工程测量及变形观测的基本控制。请查阅《国家三、四等水准测量规范》（GB/T 12898—2009），了解三、四等水准测量的技术要求有哪些？

答：

引导问题2：水准测量是团队共同开展的一项测量活动，只有全体参加人员认真负责，按规定要求仔细观测与操作，才能确保测量结果的精度。请以小组为单位画图说明四等水

准一个测站的测量过程(包括人员分工),并整理测量注意事项。

答:

课堂实施

子任务1:三、四等水准测量外业实施

三、四等水准网是在一、二等水准网的基础上进一步加密,根据需要在高等级水准网内布设附合路线、环线或结点网,直接提供地形测图和各种工程建设所必需的高程控制点。水准路线一般尽可能沿铁路、公路以及其他坡度较小、施测方便的路线布设。尽可能避免穿越湖泊、沼泽和江河地段。水准点应选在土质坚实、地下水位低、易于观测的位置。凡易受淹没、潮湿、震动和沉陷的地方,均不宜作水准点位置。水准点选定后,应埋设水准标石和水准标志,并绘制点之记,以便日后查询。

三、四等水准测量主要使用 DS_3 水准仪进行观测,水准尺采用双面水准尺,观测前必须对水准仪进行检校。根据双面水准尺的尺常数,即 $K_1 = 4687$ 和 $K_2 = 4787$,成对使用水准尺。表5-4-1为三、四等水准测量技术要求。

表5-4-1　三、四等水准测量技术要求

技术项目	等级分类	
	三　　等	四　　等
仪器与水准尺	DS_3 水准仪 双面水准尺	DS_3 水准仪 双面水准尺
测站观测程序	后—前—前—后	后—后—前—前
视线最低高度	三丝能读数	三丝能读数
最大视线长度	75 m	100 m
前后视距差	≤±2.0 m	≤±3.0 m
视距读数法	三丝读数(上−下)	三丝读数(上−下)
K+黑−红	≤±2.0 mm	≤±3.0 mm
黑红面高度之差	≤±3.0 mm	≤±5.0 mm
前后视距累积差	≤±6 m	≤±10 m
高差闭合差	≤±12$\sqrt{L}$ mm	≤±20$\sqrt{L}$ mm

注:表中 L 的单位为 km。

计算案例:

第一步:四等水准测量

最大视线长度不超过100 m。每一测站上,按下列观测顺序进行观测:

①观测顺序为后—后—前—前。

②瞄准后视水准尺的黑面，读上、下、中三丝的读数，分别记入表5-4-2中的（1）、（2）、（3）栏内。

③继续瞄准后视水准尺的红面，读取中丝的读数，记入表5-4-2中（4）栏内。

④瞄准前视水准尺的黑面，读中、上、下三丝的读数，分别记入表5-4-2中的（5）、（6）、（7）栏内。

⑤继续瞄准前视尺的红面，读取中丝的读数，记入表5-4-2中（8）栏内。

表5-4-2　四等水准测量记录手簿

测站编号	后尺　上丝／下丝；后视；视距差 d	前尺　上丝／下丝；前视；∑	方向及尺号	标尺读数 黑面	标尺读数 红面	K+黑－红	高差中数（m）	备注
	(1)	(5)	后	(3)	(4)	(13)		
	(2)	(6)	前	(7)	(8)	(14)		
	(9)	(10)	后－前	(15)	(16)	(17)	(18)	
	(11)	(12)						
1	1526	0901	后 12	1311	6098	0		
	1095	0471	前 13	0685	5373	−1		
	43.1	43.0	后－前	+0626	+0725	1	+0.6255	
	+0.1	+0.1						
2	1912	0670	后 13	1654	6341	0		12 标尺 K 为 4787；13 标尺 K 为 4687
	1396	0152	前 12	0411	5197	+1		
	51.6	51.8	后－前	+1243	+1144	−1	+1.2435	
	−0.2	−0.1						
3	0989	1813	后 12	0798	5586	−1		
	0607	1433	前 13	1623	6310	0		
	38.2	38.0	后－前	−0825	−0724	−1	−0.8245	
	+0.2	+0.1						
4	1791	0658	后 13	1608	6296	0		
	1425	0290	前 12	0474	5261	0		
	36.6	36.8	后－前	+1134	+1034	0	+1.1340	
	−0.2	−0.1						
每页校核	$\sum(9)=169.5$ m $-\sum(10)=169.6$ m -0.1 m 总视距 $\sum(15)+\sum(16)=339.1$ m	$\sum[(3)+(4)]=29.691$ m $-\sum[(7)+(8)]=25.335$ m			$\sum[(15)+(16)]=+4.356$ m $2\sum(18)=4.356$ m			

至此，四等水准测量的外业观测与记录结束。

第二步：观测手簿计算

为便于及时发现观测错误或超限，要求每一测站观测、记录、计算同步进行，不允许全部测完后再进行计算。

后视距离：(9) = [(1) − (2)] × 100
前视距离：(10) = [(5) − (6)] × 100
后视距离与前视距离之差：(11) = (9) − (10)
前后视距累积差：(12) = 本站(11) + 前站(12)

高差计算：

前视标尺黑红面读数之差：(13) = (3) + K − (4)
后视标尺黑红面读数之差：(14) = (7) + K − (8)
两标尺的黑面中丝读数之差：(15) = (3) − (7)
两标尺红面观测高差：(16) = (4) − (8)
黑面高差与红面高差之差：(17) = (15) − [(16) ± 100]

高差中数计算，当上述计算符合限差要求时，可计算高差中数，且高差中数

$$(18) = \frac{1}{2}[(15) + (16) ± 100]$$

第三步：检核计算

1. 测站检核

$$(17) = (13) − (14) = (15) − [(16) ± 100]$$

2. 每页观测成果的检核

表 5-4-2 底部是每页校核，主要是校核计算过程中有无错误、笔误等，校核应使用不同的计算途径进行，各自独立，以便发现问题。

注意：相应的限差要求应符合表 5-4-1 的要求。若超出限差范围，本站必须重新测量。若满足限差要求，可以迁站。特别注意在确认能否进站前，前视标尺及尺垫决不允许移动。

引导问题 1：三、四等水准测量外业观测顺序分别是什么？

答：

引导问题 2：水准测量对前后视距差有哪些要求，在实施过程中，为保证前后视距大致相等，可采用哪些方法？

答：

引导问题 3：以小组为单位，讨论水准测量外业观测是否必须在一个测站计算完毕后才能搬站。

答：

子任务 2：四等水准测量内业成果计算

由于四等水准测量由某已知高等水准点开始，结束于另一高等水准点，实测总高差与两高等水准点的高差往往不符，这就需要按一定规则调整高差闭合差。

四等水准测量成果采用的平差方式与等外水准成果计算过程相同，限差和取位精度不同。

四等水准测量高差闭合差的允许值为

$$平地： \quad f_{h容} = \pm 20\sqrt{L}\,(mm)$$
$$山地： \quad f_{h容} = \pm 6\sqrt{n}\,(mm) \qquad\qquad (5\text{-}4\text{-}1)$$

式中，L 为水准路线的长度，以 km 为单位；n 为测站总数。

计算案例：某四等附合水准路线测量成果如图 5-4-1 所示，起始点 III_{062} 的高程为 73.702 m，终点 IV_{001} 的高程为 76.470 m。求待定点 N_1、N_2、N_3 的高程。

（1）将图 5-4-1 中的观测数据填入表 5-4-3 中，注意核对。

表 5-4-3　四等水准路线测量成果计算

点　号	距离（km）	平均高差（m）	改正数（mm）	改正后高差（m）	高程（m）
1	2	3	4	5	6
III_{062}					73.702
	0.561	+ 0.483	− 1	+ 0.482	
N_1					74.184
	1.253	− 5.723	− 3	− 5.726	
N_2					68.458
	0.825	+ 0.875	− 2	+ 0.873	
N_3					69.331
	1.370	+ 7.142	− 3	+ 7.139	
IV_{001}					76.470
Σ	4.008	+ 2.777	− 9	+ 2.678	
辅助计算					

辅助计算：$f_h = \sum h_i - (H_{终} - H_{起}) = + 0.009\ m = + 9\ mm$；

$f_{h容} = \pm 20\sqrt{L} = \pm 20\sqrt{4.008} \approx \pm 40\,(mm)$，因为 $|f_h| \leqslant |f_{h容}|$，所以观测成果合格。

（2）求和。计算距离、高差总和，并填表。

（3）计算高差闭合差，计算容许闭合差，并判断成果精度（填入辅助计算栏）。

（4）计算高差改正数，填表并检核。

（5）计算改正后高差，填表并检核。

（6）计算改正后高程，填表并检核。

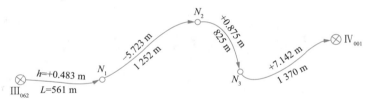

图 5-4-1　四等水准测量外业观测路线

引导问题 1：三、四等水准测量每测站的检核项目有哪些？

答：

引导问题 2：内业计算时、改正数的计算公式是什么？请按平地、山地分别列出。

答：

引导问题 3：以小组为单位，讨论每页观测成果检核内容和目的。

答：

实训 9：四等水准测量。

实训9-1四等水准　　实训9-2四等水准　　5-23四等水准　　5-24四等水准
测量实训指导　　　　测量实训报告　　　　测量（一）　　　　测量（二）

课后延学

1. 以小组为单位，查阅《测量标准》，在四等水准测量工作中，对比数字水准仪和光学水准仪的限差区别。

2. 试查阅《测量标准》，了解二等水准测量的观测程序。

3. 独立完成四等水准测量虚拟仿真实训，并提交成果。

思考与练习

选择题（单选）：

自水准点 $M(H_M = 100.000 \text{ m})$ 经 8 个站测至待定点 A，得 $h_{MA} = +1.021 \text{ m}$。再由 A 点经 12 个站测至另一水准点 $N(H_N = 105.121 \text{ m})$，得 $h_{AN} = +4.080 \text{ m}$，则平差后的 A 点高程为（ ）。

A. 101.029 m　　　B. 101.013 m　　　C. 101.031 m　　　D. 101.021 m

计算题：

1. 请补充完整表 5-4-4 所示的四等水准测量外业记录。

表 5-4-4　四等水准测量外业记录

测站编号	后尺 上丝(mm) 下丝(mm) / 后距(m) / 视距差(m)	前尺 上丝(mm) 下丝(mm) / 前距(m) / 累加差(m)	方向及尺号	黑面(mm)	红面(mm)	K+黑减红(mm)	高差中数(m)	备注
	(1)	(4)	后尺1号	(3)	(8)	(13)		
	(2)	(5)	前尺2号	(6)	(7)	(14)	(18)	
	(9)	(10)	后-前	(15)	(16)	(17)		
	(11)	(12)						
1	1426	0801	后尺106	1211	5998			已知水准点的高程=56.345 m
	0995	0371	前尺107	0586	5273			
			后-前					
2	1812	0570	后尺107	1554	6241			尺106的 $K=4.787$
	1296	0052	前尺106	0311	5097			
			后-前					
3	0889	1712	后尺106	0698	5486			尺107的 $K=4.687$
	0507	1333	前尺107	1523	6210			
			后-前					
4	1891	0758	后尺107	1708	6395			
	1525	0390	前尺106	0574	5361			
			后-前					
每页校核	$\sum(9)=$ $-\sum(10)=$ $=$ $=$末站(12) 总视距 $\sum(9)+\sum(10)=$	$\sum[(3)+(8)]=$ $-\sum[(6)+(7)]=$	$\sum[(15)+(16)]=$				$\sum(18)=$ $2\sum(18)=$	

2. 某测区布设一条四等闭合水准路线，已知水准点 BM_A 的高程为 480.368 m，各测段的高差(m)及单程水准路线长度(km)如图 5-4-2 所示，试计算出 1、2、3 三个待定水准点的高程，完成表 5-4-5。

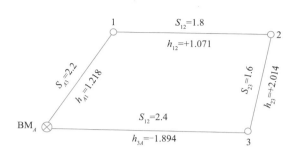

图 5-4-2　四等闭合水准路线实例

表 5-4-5　某四等水准路线测量成果计算

测 段	点 名	路 线 长 度	实测高差(m)	改正数(m)	改正后的高差(m)	高程(m)	备 注
1	2	3	4	5	6	7	
1	BM$_A$						
2	1						
3	2						
4	3						
	BM$_B$						
Σ							

辅助计算：

简答题：

1. 水准测量的成果整理中，其闭合差如何计算？当闭合差不超过规定要求时，应如何进行分配？

2. 叙述四等水准测量程序和检核条件。

任务五　学会水准仪的检验与校正

素质目标	1. 通过严谨的仪器检校，培养严谨细致的职业素养； 2. 通过仪器检校，树立遵守规范的职业道德
知识目标	1. 掌握水准仪的轴线和相互关系； 2. 掌握自动安平水准仪的检验与校正原理
技能目标	1. 会水准仪圆水准气泡的检校； 2. 会水准仪十字丝横丝的检校； 3. 会水准仪 i 角误差检验

课前导学

5-25水准仪轴线
及关系

5-26圆水准器的
检校（动画）

5-27水准仪十字丝
横丝的检验

5-28视准轴平行水
准管轴的检验

5-29 i角误差

引导问题1：各种测量仪器在使用前后必须进行例行检查和校准，以小组为单位查找测量规范，明确水准仪检校的目的和检校时间的相关规定。

答：

引导问题2：为了保证测量的准确性，需要对水准仪进行定期的检验，水准仪检校的项目有哪些，这些项目开展的先后顺序有影响吗？

答：

课堂实施

子任务1：认识水准仪的轴线

微倾式水准仪的轴线主要有：视准轴 CC、水准管轴 LL、仪器竖轴 VV 和圆水准器轴 $L'L'$（图 5-5-1）以及十字丝横丝（中丝），为保证水准仪能提供一条水平视线，各轴线之间应满足一定的几何条件。

5-30认识水准仪
的轴线

（1）圆水准器轴应平行于仪器的竖轴（$L'L'//VV$）。

（2）十字丝的横丝应垂直于仪器的竖轴（横丝 $\perp VV$）。

（3）水准管轴应平行于视准轴（$LL//CC$）。

对于自动安平水准仪，没有管水准器，但视准轴经补偿后应与水平线一致。

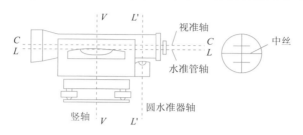

CC—视准轴；LL—水准管轴；VV—仪器竖轴；

$L'L'$—圆水准器轴；中丝—十字丝横丝。

图 5-5-1 水准仪的轴线

引导问题 1：请对照仪器实物认识水准仪的轴线。

答：

引导问题 2：以小组为单位分析水准仪的轴线之间应满足的几何条件及作用。

答：

子任务 2：学会圆水准器平行于仪器竖轴的检验与校正

检验的目的是使圆水准器轴平行于仪器竖轴，圆水准器气泡居中时，竖轴便位于铅垂位置。

5-31圆水准器的检校

检验：旋转脚螺旋使圆水准器气泡居中，然后将仪器上部在水平方向绕竖轴旋转180°，若气泡仍居中，则表示圆水准器轴已平行于竖轴，若气泡偏离中央则需进行校正。

校正：拨圆水准器的校正螺旋（图 5-5-2），使气泡向中央方向移动偏离量的一半，然后旋转脚螺旋使气泡居中。由于一次拨动不易使圆水准器校正得很完善，所以需重复上述的检验和校正，使仪器上部旋转到任何位置时，气泡都能居中为止。图 5-5-3 为圆水准器的校正螺钉。

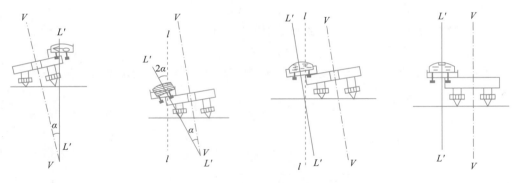

图 5-5-2　圆水准器的检验与校正

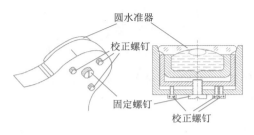

图 5-5-3　圆水准器的校正螺钉

引导问题：对照图5-5-2，分析圆水准器轴平行于仪器竖轴的检验的原理。

答：

子任务3：学会十字丝中丝垂直于仪器竖轴的检验与校正

检验的目的是使十字丝的横丝垂直于竖轴，这样，当仪器粗略整平后，横丝基本水平，横丝上任意位置所得读数均相同。

5-32十字丝检校

检验：先用横丝的一端照准一固定的目标或在水准尺上读一读数，然后使用微动螺旋转动望远镜，用横丝的另一端观测同一目标或读数。如果目标仍在横丝上或水准尺上读数不变[图5-5-4(a)和图5-5-4(b)]，说明横丝已与竖轴垂直。若目标偏离了横丝或水准尺读数有变化[图5-5-4(c)和图5-5-4(d)]，则说明横丝与竖轴没有垂直，应予校正。

校正：打开十字丝分划板的护罩[图5-5-4(e)]，可见到三个或四个分划板的固定螺钉[图5-5-4(f)]。松开这些固定螺钉，用手转动十字丝分划板座，反复试验使横丝的两端都能与目标重合或使横丝两端所得水准尺读数相同，则校正完成，最后旋紧所有固定螺钉。

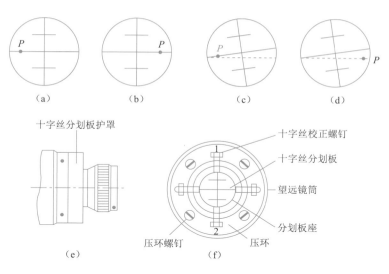

图 5-5-4　十字丝检验与校正

引导问题：对照图 5-5-4，分析十字丝横丝检验和校正的原理。

答：

5-33 i角检校

子任务 4：学会水准仪 i 角检验与校正

检验的目的是使水准管轴平行于视准轴，当水准管气泡影像符合时，视准轴就处于水平位置。

检验：在平坦地面选相距 40～60 m 的 A、B 两点，在此两点打入木桩或设置尺垫。水准仪首先置于离 A、B 等距的 I 点，测得 A、B 两点的高差 $h_1 = a_1 - b_1$（图 5-5-5）。重复测两到三次，当所得各高差之差小于 3 mm 时取其平均值。

若视准轴与水准管轴不平行而构成 i 角，由于仪器至 A、B 两点的距离相等，因此由于视准轴倾斜，而在前、后视读数所产生的误差 δ 也相等，所以所得的 h_1 是 A、B 两点的正确高差。然后把水准仪移到 AB 延长方向上靠近 B 的 II 点，再次测 A、B 两点的高差（图 5-5-5），仍把 A 作为后视点，故得高差 $h_2 = a_2 - b_2$。如果 $h_1 = h_2$，说明在测站 II 所得的高差也是正确的，这也说明在测站 II 观测时视准轴是水平的，故水准管轴与视准轴是平行的，即 $i = 0$。如果 $h_1 \neq h_2$，则说明存在 i 角的误差，由图 5-5-5 可知：

$$i'' = \frac{\Delta}{D_{AB}} \rho'' \tag{5-5-1}$$

式中　Δ——仪器分别在 II 和 I 所测高差之差；

$\quad D_{AB}$——A、B 两点间的距离；

$\quad \rho''$——206 265″。

而　　　　　　　　$$\Delta = a_2 - a_2' = a_2 - (b_2 + h_1) = h_2 - h_1 \tag{5-5-2}$$

当 Δ 或 i 角为正时，视线向上倾斜，反之向下倾斜。

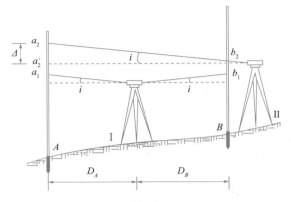

图 5-5-5　水准仪 i 角的检验与校正

引导问题 1：画图说明什么是 i 角误差和交叉误差，i 角误差的影响是什么？

答：

引导问题 2：水准仪的三项检验和校正可以随机开展吗？为什么？

答：

实训 10：水准仪的检验与校正。

实训10-1水准仪的　　实训10-2水准仪的　　5-34水准仪的检验　　5-35水准仪的检验
检验与校正实训指导　检验与校正实训报告　与校正（一）　　　　与校正（二）

💻 **课后延学**

　　水准仪 i 角误差检验是仪器检校中最重要的一项内容，请以小组为单位，参阅《测量标准》、《国家一、二等水准测量规范》《国家三、四等水准测量规范》等，查阅不同等级的水准测量对 i 角的要求。

🔍 **思考与练习**

　　填空题：

1. 水准仪视准轴与水准管轴在竖直面内投影的夹角叫_____。

2. 自动安平水准仪的 i 角误差是经过补偿器补偿以后，视准轴与_____的夹角。

3. 水准仪的视准轴与水准管轴在水平面内投影的夹角叫_____。

选择题(单选):

1. 水准仪的 i 角误差(   )值。

  A. 没有正负   B. 有正负   C. 只有正   D. 只有负

2. 对于 DS_3、DSZ_3 水准仪，i 角误差要求不大于(   )。

  A. $2''$ B. $20''$ C. $30''$ D. $60''$

计算题:

在相距 80 m 的 A、B 两点的中间安置水准仪，A 点尺上的读数为 $a_1 = 1.547$ m，B 点尺上的读数为 $b_1 = 1.524$ m。当仪器搬到 B 点附近时，测得 B 点读数 $b_1 = 1.592$ m，A 点读数 $a_2 = 1.872$ m，请问此水准仪是否存在 i 角？如有 i 角应如何校正？

简答题:

水准仪有哪些主要轴线？轴线间应满足什么条件？

📖 **知识加油站** ··

自动安平水准仪的检验和校正:

1. 圆水准器轴平行仪器的竖轴。

2. 十字丝横丝垂直竖轴。

以上两项的检验校正方法与微倾式水准仪的检校方法完全相同。

3. 水准仪在补偿范围内，应能起到补偿作用。

在离水准仪约 50 m 处竖立水准尺 B，水准仪自动补偿检测示意位置如图 5-5-6 所示，应使其中两个脚螺旋的连线垂直于仪器到水准尺连线的方向。用圆水准器整平仪器，读取水准尺上读数。旋转视线方向上的第三个脚螺旋，让气泡中心偏离圆水准器零点少许，使竖轴向前稍倾斜，读取水准尺上读数。然后再次旋转这个脚螺旋，使气泡中心向相反方向偏离零点并读数。重新整平仪器，用垂直于视线方向的两个脚螺旋，先后使仪器向左、右两侧倾斜，分别在气泡中心稍偏离零点后读数。如果仪器竖轴向前后左右倾斜时所得读数与仪器整平时所得读数之差不超过 2 mm；则可认为补偿器工作正常，否则应检查原因或送工厂修理。检验时圆水准器气泡偏离的大小，应根据补偿器的工作范围及圆水准器的分划值来决定。例如补偿工作范围为 $\pm 5'$，圆水准器的分划值为 $8'/2$ mm，则气泡偏离零点不应超过 $5 \times 2/8 = 1.25$ (mm)。补偿器工作范围和圆水准器的分划值在仪器说明书中均可查得。

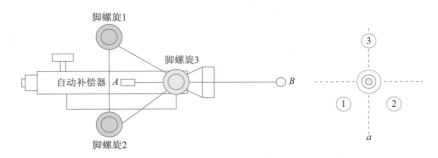

图 5-5-6　水准仪自动补偿检测示意

4. 视准轴经过补偿后应与水平线一致。

若视准轴经补偿后不能与水平线一致，则也构成 i 角，产生读数误差。这种误差的检验方法与微倾式水准仪 i 角的检验方法相同，但校正时应校正十字丝。拨十字丝的校正螺钉，使 A 点的读数从 a_2 改变到 a_2'，使之得出水平视线的读数。对于 DS$_3$ 型自动安平水准仪也应使 i 角不大于 20″。

任务六　分析水准测量的误差

素质目标	1. 培养遵守测量规范与规定的良好意识，进而增强规范意识和责任意识； 2. 通过水准测量误差来源分析，培养精益求精的工匠精神
知识目标	1. 掌握仪器误差种类及影响； 2. 掌握观测误差来源及影响； 3. 了解外界环境误差来源
技能目标	1. 会采取有效手段减弱仪器误差； 2. 会采取有效手段减弱观测误差； 3. 会计算球气差

课前导学

引导问题 1：测量工作中由于仪器、人、环境等各种因素的影响，使测量成果中都带有误差。为了保证测量成果的精度，需要分析、研究产生误差的原因，并采取措施消除和减小误差的影响。水准测量中误差的主要来源有哪些？

答：

引导问题 2：测量工作者的工作态度、专业技术水平、使用的仪器设备等关系到测量成果的质量，测量工作中的误差是不可避免的，但是错误是绝不允许发生的，测量的误差和错误应如何区别？

答：

课堂实施

子任务 1：分析仪器误差

1. 仪器校正后的残余误差

水准仪经过校正后仍残存少量误差，如水准管轴不平行于视准轴的误差，此项误差与仪器至立尺点的距离成正比。在测量中，保持前视和后视的距离相等，在高差计算中可消除该项误差的影响。当因某种原因某一测站的前视（或后视）距离较大，那么就在下一测站上使后视（或前视）距离较大，可使误差得到补偿。

5-36仪器误差

2. 水准尺的误差

水准尺的误差包括尺长误差、刻划误差和零点误差等。此项误差会对水准测量的精度产生较大的影响，所以使用前应对水准尺进行检验。水准尺尺长误差具有积累性质，高差愈大误差也愈大，因此精密水准测量应在成果中加入尺长改正。零点误差在成对使用水准尺时，可采取设置偶数测站的方法来消除，也可在前后视中使用同一根水准尺来消除。

引导问题 1：结合四等水准测量工作与仪器误差的学习，分析四等水准测量工作中为消除仪器误差采取了哪些手段？明确测量工作遵循测量规范的意义和目的。

答：

引导问题 2：在水准测量相关规范中，要求尽量把水准路线的测站数设置为偶数，有什么目的？

答：

子任务 2：认识观测误差

由于观测者的感觉器官的辨别能力存在局限性，在仪器的对中、整平、瞄准、读数等过程中都会产生误差。这些由于观测者本身熟练程度或者自身限制造成的误差称为观测误差，主要包括：

5-37观测误差

1. 气泡居中误差

视线水平是以气泡居中为根据的，但气泡的居中或符合都是凭肉眼来判断，不能绝对准确。气泡居中的精度也就是水准管的灵敏度，它主要决定于水准管的分划值。一般认为水准管居中的误差约为 0.1 分划值，它对水准尺读数产生的误差为

$$m = \frac{0.1\tau''}{\rho} \cdot D \qquad (5\text{-}6\text{-}1)$$

式中，τ'' 为水准管的分划值；$\rho = 206265''$；D 为视线长。符合水准器气泡居中的误差是直接观察气泡居中误差的 $1/5 \sim 1/2$。为了减小气泡居中误差的影响，应对视线长加以限制，观测时应使气泡精确地居中。

2. 估读水准尺分划的误差

水准尺上的毫米数都是估读的，估读的误差决定于视线中十字丝和厘米分划的宽度，估读误差与望远镜的放大率及视线的长度有关，有

$$m_{\mathrm{V}} = \frac{60''}{V} \cdot \frac{D}{\rho} \qquad (5\text{-}6\text{-}2)$$

式中，V 为望远镜放大率；$60''$ 为人分辨的最小角度。所以在各种等级的水准测量中，对望远镜的放大率和视线长的限制都有一定的要求。此外，在观测中还应注意消除视差，并避免在成像不清晰时进行观测。

3. 水准尺竖立不直的误差

水准尺没有扶直，无论向哪一侧倾斜都使读数偏大，这种误差随尺的倾斜角和读数的增大而增大。例如尺有 3° 的倾斜，读数为 1.5 m 时，可产生 2 mm 的误差。为使尺能扶直，水准尺上最好装有水准器。没有水准器时，可采用摇尺法，读数时把尺的上端在视线方向前后来回摆动，当视线水平时，观测到的最小读数就是尺扶直时的读数。这种误差在前后视读数中均可发生，所以在计算高差时可以抵消一部分。

引导问题 1：水准管气泡居中误差取决于什么？如何减弱气泡居中误差的影响，在水准测量工作中我们要注意什么？

答：

引导问题 2：水准尺倾斜会使误差增大还是减少，在测量过程中为保证水准尺竖直，常采用哪些方法？

答：

子任务 3：认识外界条件影响误差

测量工作进行时所处的外界环境中的空气温度、气压、湿度、风力、日光照射、大气光、烟雾等客观情况时刻在变化，会使测量结果产生误差。外界条件误差主要包括：

5-38外界条件
影响误差

1. 仪器下沉和水准尺下沉的误差

（1）仪器下沉的误差

在读取后视读数和前视读数之间，若仪器下沉了 Δ，由于前视读数减少了 Δ，从而使高差增大了 Δ（图 5-6-1）。在松软的土地上，每一测站都可能产生这种误差。当采用双面尺

或两次仪器高时，第二次观测可先读前视点 B，然后读后视点 A，则可使所得高差偏小，两次高差的平均值可消除一部分仪器下沉的误差。用往测、返测时，亦因同样的原因可消除部分的误差。

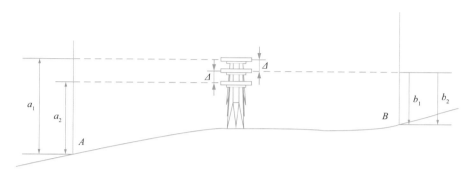

图 5-6-1 仪器下沉

（2）水准尺下沉的误差

在仪器从一个测站迁到下一个测站的过程中，若转点下沉了 Δ，则使下一测站的后视读数偏大，使高差也增大 Δ（图 5-6-2）。在同样情况下返测，则使高差的绝对值减小。所以取往返测的平均高差，可以减弱水准尺下沉的影响。

当然，在水准测量时，应选择坚实的地面做测站和转点，并将脚架和尺垫踩实，以避免仪器和水准尺的下沉。

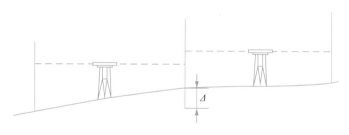

图 5-6-2 水准尺下沉

2. 地球曲率和大气折光的误差

（1）地球曲率引起的误差

如图 5-6-3 所示，由于大地水准面是一个曲面，只有水准仪的视线与大地水准面平行（即瞄准尺上的 b 点时），才能测出 B 点相对于 A 点的高差 h_{AB}。而水准仪提供的是一条水平视线，它在尺上的读数为 b''，其差值为 Δh，此为地球曲率对高差的影响，其计算公式为

$$\Delta h = \frac{D^2}{2R}$$

式中，D 为 A、B 两点间的距离；R 为地球的半径。

（2）大气折光引起的误差

水平视线经过密度不同的空气层被折射，一般情况下形成一个向下弯曲的曲线，它与理论水平线所得读数之差，就是由大气折光引起的误差 γ（图 5-6-3）。实验得出曲线的半径

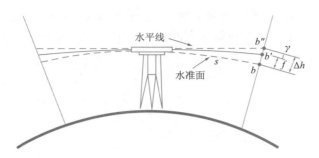

图5-6-3　地球曲率和大气折光的影响

为地球半径的 6 ~ 7 倍，则其折光量的大小对水准尺读数产生的影响为

$$\gamma = \frac{D^2}{2 \times 7R} \qquad (5\text{-}6\text{-}3)$$

所以水平视线在水准尺上的实际读数位于 b'，它与按水准面得出的读数 b 之差，就是地球曲率和大气折光总的影响值 f。

$$f = b' - b = \Delta h - \gamma \approx 0.43 \frac{D^2}{R} \qquad (5\text{-}6\text{-}4)$$

当前视、后视距离相等时，这种误差在计算高差时可自行消除。但是靠近地面的大气折光变化十分复杂，在同一测站的前视和后视距离上就可能不同，所以即使保持前视、后视距离相等，大气折光误差也不能完全消除。由于 f 值与距离的平方成正比，所以限制视线的长可以使这种误差大为减小，此外使视线离地面尽可能高些，也可减弱折光变化的影响。

3. 气候影响产生的误差

除了上述各种误差来源外，气候的影响也给水准测量带来误差，如风吹、日晒、温度的变化和地面水分的蒸发等，所以观测时应注意气候带来的影响。为了防止日光暴晒，仪器应打伞保护，无风的阴天是最理想的观测天气。

引导问题1：测量的过程中，在松软的土地上，仪器和水准尺都会随着时间下沉，如何消除仪器或水准尺下沉造成的影响？

答：

引导问题2：以小组为单位，根据水准测量误差因素，结合三、四等水准测量实施，分析水准测量的注意事项。

答：

课后延学

以小组为单位查阅相关规范，运用项目五任务五、任务六所学知识，对比理解二、三、四等水准测量技术要求。

思考与练习

选择题(单选)：

1. 水准测量时，为了消除角 i 误差对一测站高差值的影响，可将水准仪置在(   )处。

    A. 靠近前尺　　　　B. 两尺中间　　　　C. 靠近后尺　　　　D. 任何位置

2. 水准测量中要求前、后视距离相等，其目的是消除(   )的误差影响。

    A. 水准管轴不平行于视准轴　　　　B. 圆水准轴不平行于竖轴

    C. 十字丝横丝不水平　　　　D. 以上三者

3. 水准测量为了有效消除视准轴与水准管轴不平行、地球曲率、大气折光的影响，应注意(   )。

    A. 读数不能错　　　　B. 前、后视距相等

    C. 计算不能错　　　　D. 气泡要居中

4. 影响水准测量成果的误差有(   )。(多选)

    A. 视差未消除　　　　B. 水准尺未竖直

    C. 估读毫米数不准　　　　D. 地球曲率和大气折光

    E. 阳光照射和风力太大

5. 在水准测量中，前、后视距相等可消除(   )对高差的影响。

    A. 整平误差　　　　B. 地球曲率和大气折光

    C. 圆水准轴不平行竖直轴的误差　　　　D. 仪器和水准尺下沉的误差

简答题：

1. 水准测量中为什么要求前、后视距相等？

2. 影响水准测量成果的主要因素有哪些？如何减少或消除？

任务七 学会三角高程测量

素质目标	1. 通过认识珠峰高程测量引出三角高程测量的概念，培养专业自豪感，树立学习报国的意志；
	2. 通过学习三角高程测量计算过程，培养严谨求实、一丝不苟的工作态度
知识目标	1. 掌握三角高程测量的原理；
	2. 了解三角高程测量误差影响因素，掌握球气差改正的原理
技能目标	1. 会开展三角高程测量并整理观测数据；
	2. 会进行三角高程测量的内业计算，并评定精度

课前导学

5-39三角高程
测量（一）

5-40三角高程
测量（二）

引导问题 1：电影《攀登者》中登山测量队员在珠峰峰顶树立起觇标，开展了三角高程测量。三角高程测量常用于精度要求较低的地方，或者两点之间的高差很大、水准测量线路通过困难等水准测量无法进行的地方。请画图说明三角高程测量的原理。

答：

引导问题 2：目前全站仪三角高程的精度能够达到三、四等水准的精度，因其作业简单，当地势起伏较大时，常采用这种方法。请查阅《测量标准》，了解电磁波测距三角高程测量的主要技术要求有哪些。

答：

课堂实施

子任务 1：掌握三角高程测量的原理

三角高程测量是根据两点间的水平距离或斜距以及竖直角来计算两点间的高差。如图 5-7-1 所示，已知 A 点高程 H_A，欲求 B 点高程 H_B，在 A 点安置全站仪或经纬仪，仪器高为 i_a，在 B 点设置觇标或棱镜，其高度为 v_b，望远镜瞄准觇标或棱镜的竖直角为 α，则

A、B 两点的高差为

$$h_{AB} = h' + i_a - v_b \qquad (5\text{-}7\text{-}1)$$

式中，h'的计算因观测方法不同而异。利用钢尺或视距法测量水平距离 D，用经纬仪测量竖角 α，求算 h_{AB}，称为经纬仪三角高程测量，$h' = D\tan\alpha$；利用光电测距仪测定斜距 S 和 α，求算 h_{AB}，称为光电测距三角高程测量，$h' = S\sin\alpha$。

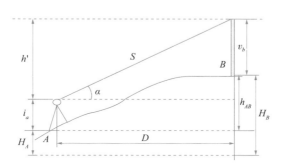

图 5-7-1　三角高程测量原理

当 AB 距离较长时，式（5-7-1）还须加上地球曲率和大气折光改正，又称为球气差改正 f_a。$f_a = 0.43D^2/R$，故式（5-7-1）可写为

$$h_{AB} = D\tan\alpha + i_a - v_b + f_a \qquad (5\text{-}7\text{-}2)$$

和

$$h_{AB} = S\sin\alpha + i_a - v_b + f_a \qquad (5\text{-}7\text{-}3)$$

为了消除或削弱球气差影响，三角高程测量时，通常采用对向观测方式，即由 A 向 B 观测得 h_{AB}，由 B 向 A 观测得 h_{BA}，当两高差的较差在容许值内，则取其平均 h'_{AB} 作为最终的结果，B 点高程为

$$H_B = H_A + h'_{AB}$$

从三角高程测量的原理可知，三角高程测量的主要工作是竖直角观测和距离测量，对竖直角观测和边长测量的要求见表 5-7-1。

表 5-7-1　光电测距三角高程测量主要技术要求

等级	竖直角测量				边长测量		对向观测高差较差（mm）	附合路线或环线闭合差（mm）
	仪器等级	测回数	指标差较差（″）	测回较差（″）	仪器等级	观测次数		
四等	2″仪器	3	≤7	≤7	10 mm	往返观测各一次	$\pm40\sqrt{D}$	$\pm20\sqrt{\sum D}$
五等	2″仪器	2	≤10	≤10	10 mm	往一次	$\pm60\sqrt{D}$	$\pm40\sqrt{\sum D}$

注：D 为光电测距边的长度（km）。

引导问题 1：分析三角高程测量进行球气差改正的原因。

答：

引导问题2：三角高程测量精度影响因素有哪些，能达到水准测量的哪个等级？

答：

子任务 2：会三角高程测量的观测与计算

1. 在测站安置仪器，观测前、后量测仪器高和目标高（精确到1mm），取平均数填入表5-7-2中。

2. 用仪器测量边长和竖直角，并按技术指标整理计算边长和竖直角，填入表格5-7-2中。

3. 采用对向观测，即仪器与目标杆位置互换，按前述步骤进行观测。

4. 先对各边高差均值进行球气差改正，再按式（5-7-3）完成三角高程路线各边的高差计算。

5. 有了各边高差之后，再按照附合路线计算高差闭合差 f_h。当 f_h 不大于限差时，按与边长成正比例的原则，将 f_h 反符号分配给各高差，然后用改正后的高差，由起始点的高程计算各待求点的高程。

计算案例：

如图5-7-2所示，采用三角高程测量的方法获取401和402的高程，观测竖直角、斜距、仪器高、目标高，填表之后，先计算初算高差 h' 与球气差改正 f，再计算往返的高差，并求取平均值作为最终结果。计算过程详见表5-7-2。

图5-7-2　三角高程路线

表5-7-2　三角高程路线高差计算

测 站 点	Ⅲ₁₀	401	401	402	402	Ⅲ₁₂
觇 点	401	Ⅲ₁₀	402	401	Ⅲ₁₂	402
觇 法	直	反	直	反	直	反
竖直角 α	+3° 24′ 15″	−3° 22′ 47″	−0° 47′ 23″	+0° 46′ 56″	+0° 27′ 32″	−0° 25′ 58″
斜距 S(m)	577.157	577.137	703.485	703.490	417.653	417.697
$h'(h' = S\sin\alpha,\ m)$	+34.271	−34.024	−9.696	+9.604	+3.345	−3.155
仪器高 i(m)	1.565	1.537	1.611	1.592	1.581	1.601
目标高 v(m)	1.695	1.680	1.590	1.610	1.713	1.708
球气差改正(m)	0.022	0.022	0.033	0.033	0.012	0.012
高差 $h = h' + i + f$(m)	+34.163	−34.145	−9.642	+9.619	+3.225	−3.250
高差均值 $h_{平均}$(m)	+34.154		−9.630		+3.238	

三角高程路线闭合差的计算与水准路线高差闭合差技术基本相同，由起始点Ⅲ$_{10}$的高程计算各待求点的高程，具体限差参照表5-7-1。

引导问题1：三角高程测量的外业要记录哪些数据？

答：

引导问题2：三角高程测量时如未量仪器高和目标高，计算中各数据的含义是什么？

答：

课后延学

1. 以小组为单位，查阅相关规范，了解三角高程测量的误差影响因素；
2. 在虚拟仿真平台练习三角高程测量。

思考与练习

选择题(单选)：

以下(   )不属于三角高程测量野外观测数据。

A. 竖直角测量　　　B. 距离测量　　　C. 仪器高测量　　　D. 水平角度测量

判断题：

1. 在光电三角高程测量中，光电测距仪或全站仪的仪高指的是仪器的横轴到地面点位的铅垂距离。　　　　　　　　　　　　　　　　　　　　　　(   )

2. 测高程时，三角高程测量比水准测量更精密。　　　　　　　　　(   )

3. 采用对向观测可以消除大气折光的影响。　　　　　　　　　　　(   )

4. 采用前、后视距相等可抵消三角高程测量中地球曲率的影响。　　(   )

简答题：

1. 三角高程测量基本原理是什么？

2. 光电测距三角高程测量注意事项有哪些？

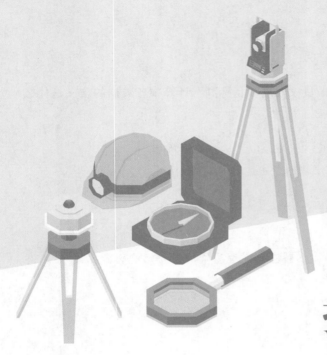

模块三
控制测量

项目六 测量成果精度的评定

项目导入

测量工作的实践表明，在任何测量工作中，无论是测角、量距还是测高差，当对同一量进行多次观测时，测量结果都存在着差异，彼此不相等。例如，反复观测同一角度，每次观测结果大都不一致，这是测量工作中普遍存在的现象，说明测量结果不可避免地存在着误差。在观测结果中，有时还会出现错误。例如，读错、记错或测错等，统称粗差。本项目主要围绕测量成果精度的评定进行阐述。通过本项目的学习，能掌握测量成果精度的评定的指标；能对角度测量、距离测量和高差测量进行精度评定；能对测量成果精度进行控制。

素养园地

强化规范意识。国家标准要执行、行业标准要遵守。误差在测量过程中是不可避免的，但是只有误差在允许的范围内，才能保证测量的精度。在实际工程中，误差的大小关系着人民的生命和财产安全。

2017 年某项目组在投影换带分界里程处未正确使用投影参数造成征地红线偏移 30 m。投影换带的分界里程为 DK132 + 750，在征地界放样时，因测量员没有经历过投影换带问题，不太了解坐标换带的概念，在放样 DK133 + 080 红线时，RTK 中的坐标系统参数与需放样线路的坐标系统参数不对应，仍使用 DK132 + 750 小里程的坐标系统参数，错误地将两个不同投影换带的参数混淆使用，造成征地红线偏移 30 m。

强化安全意识。测量人员在外业作业过程中既要有规范意识，又要有安全意识。不仅要注意人身安全，还要注意财产的安全。

2018 年某项目组由于控制点选址失误，同时作业不规范，导致隧道贯通时测量误差达 15 cm。铁路隧道 2 号斜井洞外控制网布设时洞口仅布设了两个控制点，并且其中一个控制点选在高压线下，且测得的边长最短只有 150 m，最终造成 15 cm 的误差。

以上都是规范意识、安全意识不到位的相关案例，由此我们了解到安全的背后是对每份测量数据的责任心，测量工作对精度的要求至关重要，因此要求测量人员必须具备精益求精的测绘精神，具备安全生产的规范意识。

任务一　掌握测量误差及分类

素质目标	1. 通过对误差的理解，提升职业道德，培养对测绘学科的热爱； 2. 通过相关案例的学习，树立精益求精的工匠精神
知识目标	1. 了解测量误差的概念； 2. 掌握系统误差的规律和减弱系统误差的方法； 3. 掌握偶然误差的规律和减弱偶然误差的方法
技能目标	1. 会通过查阅文献获取知识； 2. 能通过小组协作完成学习任务

课前导学

引导问题 1：测量误差的来源有多种，包括仪器设备、观测人员及外界环境影响，为了减弱误差带来的影响，结合前面学过的知识，举例说明哪些过程是为了减小误差。

答：

引导问题 2：全站仪照准部偏差未校准会导致工程事故。如某项目组在使用 TCRP1201 测量时，仪器正常测出数据，但是显示的数据坐标差了 2.6 cm，通过目镜观察，发现十字丝偏移棱镜中心。对上述问题产生的原因进行讨论分析。

答：

课堂实施

子任务 1：认识测量误差

1. 测量误差来源

测量误差的产生因素是多方面的，概括起来有以下 3 个方面。

（1）测量仪器。测量中使用的仪器和工具不可能都是精确无误的，这会导致测量结果产生误差。例如，用普通水准尺进行水准测量时，难以保证毫米数的读数完全正确。经纬仪、水准仪检校不完善也会产生残余误差。例如，水准仪视准轴不平行于水准管轴、水准尺的分划误差等都会使测量产生误差。

（2）观测者。观测者感觉器官及鉴别能力的局限性会对测量结果产生一定的影响，如对中误差、估读误差、瞄准目标误差等。

6-1测量误差来源

（3）观测环境。观测过程中，外界条件的不稳定性，如温度、阳光、风等时刻都在变化，必将对观测结果产生影响。例如，温度变化会使钢尺产生伸缩，阳光照射会使仪器水准气泡发生微小变化，较阴的天气会使目标不清晰等。

通常把以上 3 种因素综合起来称为观测条件，凡是观测条件一样的同类观测称为等精度观测，观测条件不一样的同类观测称为不等精度观测。观测条件好，产生的误差就小，观测条件差，产生的误差就大。

2. 真值和真误差

反映一个量真正大小的绝对准确的数值，称为真值。测量误差就是相对于真值而言的。通过测量直接或间接得到的一个量的大小称为观测值。例如，测一个水平角，直接测得的角值就是这个角的观测值。测两点之间的高差，通过测量后视读数 a 和前视读数 b，可以利用公式 $h_{AB} = a - b$ 计算高差，这样可以间接得到高差的观测值。

用 Δ 表示测量真误差，用 X 表示真值，用 L 表示观测值，则测量真误差可用式(6-1-1)表示：

$$\Delta = L - X \tag{6-1-1}$$

在实际测量中，真值通常是无法测知的，因此也无法获得真误差。但是在一些特殊情况下，有可能预知由观测值构成的某一函数的理论真值。

例如，以 ∠1、∠2、∠3 表示平面三角形三个内角的观测值，三个内角和的理论真值为 180°，是已知的。若以 Δ 表示三个内角和的真误差，即三角形闭合差，则得到

$$\Delta = L_1 + L_2 + L_3 - 180° \tag{6-1-2}$$

一个量的真值是能准确反映其真正大小的数值，但是它只是表示该量在观测瞬间或变化极短的时间段内的确切大小。由于观测误差不可避免，依靠观测所得到的只能是这些量在一定意义下的估计值。

计算案例： 已知观测某三角形的三个内角分别为 120°30′、33°20′、26°10′10，求三角形内角和真误差？

解： $\Delta = L_1 + L_2 + L_3 - 180° = 120°30′ + 33°20′ + 26°10′10″ - 180° = 10″$

引导问题： 误差在测量过程中无处不在，在观测过程中要采用相应的办法来减弱或者消除，结合前面的知识，谈谈我们应如何认识测量误差？

答：

子任务 2：认识系统误差

1. 系统误差

在相同观测条件下，对某量进行一系列观测，如误差出现符号和大小均相同或按一定的规律变化，这种误差称为系统误差。

6-2系统误差

例如用具有某一尺长误差的钢尺量距时，由尺长误差所引起的距离误差与所测距离的长度成正比地增加，距离愈长，所积累的误差也愈大，这种误差属于系统误差。

2. 系统误差的消除

系统误差具有积累性，对测量结果的影响很大，但可通过一般的改正或用一定的观测

方法减弱或消除系统误差。

一种方法是用计算的方法加以改正，如钢尺的温度改正、倾斜改正等；另一种方法是用合适的观测方法削弱误差。例如，在水准测量中，在测站上采用"后—前—前—后"的观测程序可以削弱仪器下沉对测量结果的影响；在水平角测量时，采用盘左、盘右观测值取平均值的方法可以削弱视准轴误差的影响。

引导问题 1：依据本任务的学习，思考在测量过程中，还有哪些误差是系统误差？请举例说明。

答：

引导问题 2：水准仪未自检，i 角超限会导致高程偏差。某项目组使用未检校的水准仪直接用于场地内水准点标高联测，导致场地控制点高程整体高于实际 13 cm，间接使所有结构标高发生严重错误。小组讨论问题产生的原因。

答：

子任务 3：认识偶然误差

1. 偶然误差的规律

在相同观测条件下，对某量进行一系列观测，如误差出现的符号和大小均不同，则这种误差称为偶然误差。偶然误差具有一定的统计规律。

6-3偶然误差

偶然误差的规律如下：①这些误差在数值上不会超出一定界限，或者出现超出一定界限的误差的概率为零；②绝对值小的误差比绝对值大的误差出现的概率大；③绝对值相等的正负误差个数大致相等。在大量的测量结果中，偶然误差都有与此完全一致的规律性。④当观测次数无限增加时，偶然误差的算术平均值趋近于零（抵偿性），即

$$\lim_{n \to \infty} \frac{\Delta_1 + \Delta_2 + \cdots + \Delta_n}{n} = \lim_{n \to \infty} \frac{[\Delta]}{n} = 0 \tag{6-1-3}$$

2. 偶然误差减弱的方法

偶然误差是不可避免的。在测量的成果中，可以发现并剔除错误，能够改正系统误差，因此偶然误差在测量成果的误差中占主导地位，测量误差理论上是处理偶然误差的影响。由前面内容可知偶然误差概率分布曲线呈正态分布，因此可以通过的一定的数学方法（如测量平差）来处理偶然误差。

注意：（1）系统误差和偶然误差是同时存在的。理想的情况是平差前尽量消除或减少系统误差，使偶然误差占主要成分。

（2）即使存在系统误差，也可进行平差，但平差结果不理想，其精度指标是虚假的。

（3）在平差中，若没有特殊声明，则通常假定观测值仅含偶然误差。

引导问题 1：通过偶然误差的特性，思考我们在测量过程中，有哪些误差属于偶然误差？

答：

引导问题 2：进行小组讨论，我们在角度测量、距离测量和高差测量过程中，有哪些观测方法是为了减弱偶然误差而设置的？

答：

课后延学

研究测量误差的意义：正确认识测量误差的性质，分析误差产生的原因，一方面可以消除或减小误差，正确处理测量数据，合理计算测量结果，以便在一定条件下得到更接近于真值的数据。另一方面可以合理选用仪器和测量方法，以便在最经济的条件下获得理想的结果。

思考与练习

填空题：

观测误差按误差的性质划分，可分为_____、_____和_____。

选择题（单选）：

1. 下面属于误差来源的有（　　　）。

　　A. 仪器　　　　　　　B. 观测环境　　　　　C. 观测者　　　　　D. A、B 和 C

2. 等精度观测是指（　　　）。

　　A. 允许误差相同　　B. 系统误差相同　　C. 偶然误差相同　　D. 观测条件相同

3. 以下测量误差中，属于系统误差的有（　　　）。

　　A. i 角误差　　　　　B. 尺垫下沉　　　　　C. 估读误差　　　　D. 照准误差

4. 经纬仪对中误差属（　　　）。

　　A. 偶然误差　　　　　B. 系统误差　　　　　C. 中误差

5. 尺长误差和温度误差属（　　　）。

　　A. 偶然误差　　　　　B. 系统误差　　　　　C. 中误差

简答题：

怎样区分测量工作中的误差和粗差？

任务二 学会评定精度指标

素质目标	1. 通过精密测量仪器的学习，提升精益求精的职业素养； 2. 通过测量标准的查阅对比，培养主动性意识和规范意识
知识目标	1. 掌握中误差、相对误差、容许误差的概念； 2. 掌握中误差、相对误差的计算方法
技能目标	1. 能对角度测量进行精度评定； 2. 能对距离测量进行精度评定

课前导学

引导问题 1：我们在测量实施过程中，一般不进行仪器的更换，因此，在相同观测条件下，认为测量精度相同，即是同精度观测，如果测量过程中间更换不同精度的设备呢?
答：

引导问题 2：查阅《测量标准》，参照全国职业院校技能大赛规程赛项中的地理空间信息采集与处理导线部分，分析对比一、二级导线观测方法及精度要求有何不同。
答：

课堂实施

子任务 1：认识方差和中误差

如果使用的仪器属于同一个精密等级，操作人员有相同的工作经验和技能，工作环境的自然条件(气温、风力、湿度等)基本一致，则可称为相同的观测条件。

在相同的观测条件下，测量时产生偶然误差的因素大体相同，测量所得结果的精度也是相等的，因此称此时的测量为同精度观测或等精度观测。

6-4中误差

方差是在概率论和统计学中衡量随机变量或一组数据离散程度的度量。概率论中的方差主要用于度量随机变量和其数学期望(即均值)之间的偏离程度。统计中的方差是各数据分别与其平均数之差的平方和的平均数，其公式如下：

$$\sigma^2 = \sum [X - E(X)]^2 / n \tag{6-2-1}$$

式中，σ^2 为方差；σ 为标准差，又称均方差。当观测次数无限增多时，用标准差表示偶然误差的离散情形，公式如下：

$$\sigma = \pm \lim_{n \to \infty} \sqrt{\frac{[\Delta\Delta]}{n}} \qquad (6\text{-}2\text{-}2)$$

当观测次数 n 有限时，用中误差 m 表示偶然误差的离散情形，公式如下：

$$m = \pm \sqrt{\frac{\Delta_1^2 + \Delta_2^2 + \cdots + \Delta_n^2}{n}} = \pm \sqrt{\frac{[\Delta\Delta]}{n}} \qquad (6\text{-}2\text{-}3)$$

式中，Δ 为偶然误差，是观测值 l 与真值 X 之差。中误差并不等于每个观测值的真误差，中误差仅是一组真误差的代表值，一组观测值的测量误差越大，其中误差也越大，精度就愈低；测量误差愈小，中误差也就愈小，精度就愈高。

计算案例：甲、乙两个小组，各自在相同的观测条件下，对某三角形内角和分别进行了 7 次观测，求得每次三角形内角和的真误差分别为

甲组：$+2''$、$-2''$、$+3''$、$+5''$、$-5''$、$-8''$、$+9''$。

乙组：$-3''$、$+4''$、$0''$、$-9''$、$-4''$、$+1''$、$+13''$。

则甲、乙两组观测值中误差为

$$m_{\text{甲}} = \pm \sqrt{\frac{2^2 + (-2)^2 + 3^2 + 5^2 + (-5)^2 + (-8)^2 + 9^2}{7}} = \pm 5.5''$$

$$m_{\text{乙}} = \pm \sqrt{\frac{(-3)^2 + 4^2 + 0^2 + (-9)^2 + (-4)^2 + 1^2 + 13^2}{7}} = \pm 6.3''$$

由此可知，乙组的观测精度低于甲组，这是因为乙组的观测值中有较大误差出现，因为中误差能明显反映出较大误差对测量成果可靠程度的影响，所以中误差成为被广泛采用的一种评定精度的标准。

引导问题：测量规范中都有精度评定的指标要求，即中误差，我们是否可以认为，中误差是反映测量成果可靠度的指标。

答：

子任务 2：掌握相对误差

中误差和真误差都是绝对误差。误差的大小与观测值的大小无关，但是在很多情况下用中误差这个标准不能完全描述某量观测的精度。例如，用钢尺丈量了 100 m 和 1 000 m 两段距离，其观测值中误差均为 ± 0.1 m，若以中误差来评定精度，就会得出错误的结论，因为量距误差与其长度有关，所以需要采取另一种评定精度的标准，即相对误差。相对误差是指绝对误差的绝对值与相应观测值之比，通常以分子为 1、分母为整数的分数形式来表示，分母越大，相对误差越小，测量精度越高，公式如下：

6-5相对误差

$$\text{相对误差} \ K = \frac{\text{误差的绝对值}}{\text{观测值}} = \frac{1}{m} \qquad (6\text{-}2\text{-}4)$$

绝对误差包括中误差、真误差、容许误差、闭合差和较差等，它们具有与观测值相同的单位。通常用到的有中误差、较差和闭合差。例如，如果往返测距，则评定测距精度时会用较差来计算相对误差；如果已知测距中误差，则评定测距精度时会用中误差来计算相

对误差；如果在导线测量中需要衡量精度，则会用导线全长相对闭合差来计算相对误差。

相对误差常用于距离测量的精度评定，而不能用于角度测量和水准测量的精度评定，这是因为后两者的误差大小与观测量角度、高差的大小无关。

引导问题：在距离测量中，常用相对误差来评定精度，查阅《测量标准》，试了解平面控制测量中距离测量的测距技术要求。

答：

子任务3：极限误差

6-6极限误差

根据偶然误差的特性，在一定的观测条件下，偶然误差的绝对值不会超过一定的限值。这个限值就是极限误差，简称限差。限差是偶然误差的限制值，是观测成果取舍的标准。如果观测值的偶然误差超过限差，则认为该观测值不合格，应舍去不用。理论研究和实践表明，大于两倍中误差的偶然误差的个数约占总数的5%，大于三倍中误差的偶然误差的个数只占总数的0.3%。由此可见，大于两倍中误差的偶然误差出现的概率很小，因此，测量上常取两倍中误差作为极限误差，也称允许误差，公式如下：

$$\Delta_{限} = 2m \tag{6-2-5}$$

引导问题：极限误差是怎么定义的？在什么情况下用到极限误差？

答：

课后延学

某工程3号隧道全长468 m，从进口端单向掘进施工，已开挖约360 m，由于洞口导线测量时误将斜距记为平距，偏差0.26 m，导致导线点成果计算错误，造成隧道偏差1.3 m的重大事故。

原因剖析：1. 工作人员粗心大意，造成导线点计算错误。2. 未执行测量复核制度。3. 未按要求开展洞内外控制点复测工作。

思考与练习

选择题(单选)：

下面是三个小组丈量距离的结果，（　　）组测量的精度最高。

A. 100 m　0.025 m　　　B. 200 m　0.040 m　　　C. 150 m　0.035 m

计算题：

设对某三角形各内角进行了五次观测，其观测的内角和分别为：180°00′02″，179°59′58″，180°00′04″，179°59′56″，180°00′00″。计算此三角形内角和的中误差。

任务三 掌握误差传播定律

素质目标	1. 通过对误差传播定律的学习，理解观测值中误差与其函数中误差的关系，提升精益求精的专业素养，培养专业责任感和使命感； 2. 通过对误差传播定律公式推导的学习，提升科学严谨的逻辑思维能力和严谨求实的专业素养
知识目标	1. 了解误差传播定律的概念； 2. 掌握线性函数误差传播定律； 3. 掌握一般函数误差传播定律； 4. 掌握倍数函数误差传播定律； 5. 掌握和差函数误差传播定律； 6. 掌握算术平均值中误差的计算
技能目标	1. 会通过查阅文献获取测量相关知识； 2. 能通过小组协作完成学习任务

课前导学

引导问题 **1**：我们在进行导线测量时，既要测量水平角，也要测量水平距离，因此，角度和距离分别带来的误差便需要利用函数进行计算，那么常用的函数分为哪几种？

答：

引导问题 **2**：观测值中误差是如何影响函数中误差的？

答：

课堂实施

子任务 1：了解误差传播定律

对于能直接观测的量（如角度、距离、高差等），经过多次观测后，可以通过真误差或改正数计算出观测值的中误差，并作为评定观测值精度的标准。但在实际工作中，某些未知量不可能或不便于被直接观测，而需要通过其他的直接观测量，并根据一定的函数关系计算出来，这些未知量即观测值的函数。例如，在水准测量中，若两点间的高差 $h = a - b$，则 h 是直接观测值 a 和 b 的函数。这种阐述观测值中误差与函数中误差之间数学关系的定律，称为误差传播定律。

6-7 误差传播定律

设 Z 是独立观测量 x_1，x_2，$\cdots$，x_n 的一般函数，即

$$Z = f(x_1, x_2, \cdots, x_n)$$

（6-3-1）

式中，x_1，x_2，$\cdots$，x_n 为直接观测量，它们相应的观测值的中误差分别为 m_1，m_2，$\cdots$，m_n，当 x_i 具有真误差 Δ_i 时，函数 Z 产生相应的真误差 Δ_z，可将式（6-3-1）取全微分，将函数化为线性函数，并用真误差符号 Δ 代替微分符号 d，得

$$\Delta_z = \frac{\partial f}{\partial x_1}\Delta_{x_1} + \frac{\partial f}{\partial x_2}\Delta_{x_2} + \cdots + \frac{\partial f}{\partial x_n}\Delta_{x_n} \tag{6-3-2}$$

若对各观测量 x_1，x_2，$\cdots$，x_n 观测了 m 次，式（6-3-2）中等号左、右均先平方，然后再除以 m，由于各观测量是独立的，可得

$$m_z^2 = (\frac{\partial f}{\partial x_1})^2 m_1^2 + (\frac{\partial f}{\partial x_2})^2 m_2^2 + (\frac{\partial f}{\partial x_3})^2 m_3^2 + \cdots + (\frac{\partial f}{\partial x_n})^2 m_n^2 \tag{6-3-3}$$

则函数 Z 的中误差为

$$m_z = \pm\sqrt{(\frac{\partial f}{\partial x_1})^2 m_1^2 + (\frac{\partial f}{\partial x_2})^2 m_2^2 + (\frac{\partial f}{\partial x_3})^2 m_3^2 + \cdots + (\frac{\partial f}{\partial x_n})^2 m_n^2} \tag{6-3-4}$$

式中，$\frac{\partial f}{\partial x_i}$ 为函数 Z 分别对各变量 x_i 的偏导数，为将观测值（$x_i = l_i$）代入求偏导数后的值，因此均为常数。

求任意函数中误差的方法和步骤如下：

（1）列出独立观测量的函数式，有

$$Z = f(x_1, x_2, \cdots, x_n)$$

（2）求出真误差关系式。真误差是一微小量，对函数式进行全微分，化为线性函数，得

$$d_x = \frac{\partial f}{\partial x_1}dx_1 + \frac{\partial f}{\partial x_2}dx_2 + \cdots + \frac{\partial f}{\partial x_n}dx_n \tag{6-3-5}$$

用真误差符号 Δ 代替微分符号 d，得

$$\Delta_x = \frac{\partial f}{\partial x_1}\Delta_{x_1} + \frac{\partial f}{\partial x_2}\Delta_{x_2} + \cdots + \frac{\partial f}{\partial x_n}\Delta_{x_n}$$

（3）求出中误差关系式。只要把真误差换成中误差的平方，将系数也平方，就可直接写出中误差关系式

$$m_z^2 = (\frac{\partial f}{\partial x_1})^2 m_1^2 + (\frac{\partial f}{\partial x_2})^2 m_2^2 + (\frac{\partial f}{\partial x_3})^2 m_3^2 + \cdots + (\frac{\partial f}{\partial x_n})^2 m_n^2$$

$$m_z = \pm\sqrt{(\frac{\partial f}{\partial x_1})^2 m_1^2 + (\frac{\partial f}{\partial x_2})^2 m_2^2 + (\frac{\partial f}{\partial x_3})^2 m_3^2 + \cdots + (\frac{\partial f}{\partial x_n})^2 m_n^2}$$

常用的函数有倍数函数、线性函数、和差函数、一般函数。

引导问题1：什么是误差传播定律？

答：

引导问题2：由观测值中误差到观测值函数中误差是怎么实现的？

答：

子任务2：掌握倍数函数的中误差

设倍数函数 $z = kx$，已知观测值 x 的中误差为 m_x，计算 z 的中误差 m_z 的步骤如下：

6-8倍数函数

（1）列出独立观测量的函数式

$$z = kx \tag{6-3-6}$$

（2）求出真误差关系式

$$\Delta_z = k\Delta_x \tag{6-3-7}$$

（3）求出中误差关系式

$$m_z^2 = k^2 m_x^2, \ m_z = \pm k m_x \tag{6-3-8}$$

观测值与常数的乘积的中误差等于观测值中误差与常数的乘积。

计算案例：在比例尺为 1 : 500 的地形图上，量得两点的长度为 $d = 23.4$ mm，其中误差 $m_d = \pm 0.2$ mm，求该两点的实际距离 D 及其中误差 m_D。

解：函数关系式 $D = Md$ 属倍数函数，$M = 500$ 是地形图比例尺分母，则 $D = Md = 500 \times 23.4 = 11.7$（m）。

两点的实际距离结果可写为 11.7 m ± 0.1 m。

引导问题 1：什么是倍数函数？

答：

引导问题 2：倍数函数是怎么使用误差传播定律的？

答：

子任务3：掌握线性函数的中误差

设线性函数为

$$z = k_1 x_1 \pm k_2 x_2 \pm \cdots \pm k_n x_n$$

已知独立观测值 x_1，x_2，$\cdots$，x_n 的中误差为 m_1，m_2，$\cdots$，m_n，计算函数 z 的中误差 m_z。

6-9线性函数

（1）列出独立观测量的函数式

$$z = k_1 x_1 \pm k_2 x_2 \pm \cdots \pm k_n x_n \tag{6-3-9}$$

（2）求出真误差关系式

$$\Delta_z = k_1 \Delta_{x_1} \pm k_2 \Delta_{x_2} \pm \cdots \pm k_n \Delta_{x_n} \tag{6-3-10}$$

（3）求出中误差关系式

$$m_z^2 = k_1^2 m_{x_1}^2 + k_2^2 m_{x_2}^2 + \cdots + k_n^2 m_{x_n}^2$$

$$m_z = \pm \sqrt{k_1^2 m_{x_1}^2 + k_2^2 m_{x_2}^2 + \cdots + k_n^2 m_{x_n}^2} \tag{6-3-11}$$

线性函数的方差等于各项方差的和，可以将倍数函数看作只有一项的线性函数。

计算案例：对某一直线作等精度观测。往测距离 L_1 为 100.011 m，返测距离 L_2 为 100.009 m，其中误差均为 $m = \pm 2$ mm。求该直线的最后结果及其中误差。

解：第一步，计算该直线丈量的最后结果。

$$L = \frac{L_1 + L_2}{2} = \frac{100.011 + 100.009}{2} = 100.010 (\text{m})$$

第二步，计算该直线最后结果的中误差。

$$m_L^2 = \frac{1}{4} m_{L_1}^2 + \frac{1}{4} m_{L_2}^2 = \frac{1}{2} m^2 = \frac{1}{2} \times 2^2 = 2 (\text{mm}^2)$$

$$m_L = \pm 1.414 \text{ mm}$$

该直线的最后结果为 100.010 m，中误差为 ± 1.414 mm。

引导问题 1：什么是线性函数？

答：

引导问题 2：线性函数是怎么使用误差传播定律的？

答：

子任务 4：掌握和差函数的中误差

设和差函数

6-10和差函数

$$z = x \pm y$$

已知独立观测值 x、y 的中误差分别为 m_x、m_y，计算 z 的中误差 m_z。

(1)列出独立观测量的函数式

$$z = x \pm y \tag{6-3-12}$$

(2)求出真误差关系式

$$\Delta_z = \Delta_x \pm \Delta_y \tag{6-3-13}$$

(3)求出中误差关系式

$$m_z^2 = m_x^2 + m_y^2$$

$$m_z = \pm \sqrt{m_x^2 + m_y^2} \tag{6-3-14}$$

两观测值代数和或差的方差，等于两观测值方差之和。和差函数是一种特殊的线性函数，可以扩展到多个观测值的和差函数（注意：各观测量之间是相互独立的），公式如下：

$$z = x_1 \pm x_2 \pm \cdots \pm x_n, \ m_z^2 = m_{x_1}^2 + m_{x_2}^2 + \cdots + m_{x_n}^2 \tag{6-3-15}$$

计算案例：用钢尺分五段测量某距离，得到各段距离及其相应的中误差，试求该距离 s 的中误差及相对中误差。

$$S_1 = 50.350 \text{ m} \pm 1.5 \text{ mm}; \quad S_2 = 150.555 \text{ m} \pm 2.5 \text{ mm};$$

$$S_3 = 100.650 \text{ m} \pm 2.0 \text{ mm}; \quad S_4 = 100.450 \text{ m} \pm 2.0 \text{ mm};$$

$$S_5 = 50.450 \text{ m} \pm 1.5 \text{ mm}$$

解： 按和差函数误差传播定律得

$$S = S_1 + S_2 + S_3 + S_4 + S_5 = 452\ 460 \text{ m}$$

$$m_S^2 = m_1^2 + m_2^2 + m_3^2 + m_4^2 + m_5^2 = 1.5^2 + 2.5^2 + 2.0^2 + 2.0^2 + 1.5^2 = 18.75\ (\text{mm}^2)$$

$$m_S = 4.33 \text{ mm}$$

$$\frac{m_S}{S} = \frac{4.33}{452\ 460} = \frac{1}{104\ 494} \approx \frac{1}{104\ 000}$$

引导问题1： 什么是和差函数？

答：

引导问题2： 和差函数是怎么使用误差传播定律的？

答：

子任务 5：掌握算术平均值的中误差

在相同的观测条件下，对某一角度进行 n 次独立观测，已知独立观测值 $x_1, x_2, \cdots, x_n$ 的中误差均为 m，计算算术平均值 $\overline{X}$ 以及中误差 $m_{\overline{X}}$。

6-11算术平均值
的中误差

（1）列出独立观测量的函数

$$\overline{X} = \frac{x_1 + x_2 + \cdots + x_n}{n} = \frac{1}{n}x_1 + \frac{1}{n}x_2 + \cdots + \frac{1}{n}x_n \tag{6-3-16}$$

（2）求出真误差关系式

$$\Delta_{\overline{X}} = \frac{1}{n}\Delta_{x_1} + \frac{1}{n}\Delta_{x_2} + \cdots + \frac{1}{n}\Delta_{x_n} \tag{6-3-17}$$

（3）求出中误差关系式

$$m_{\overline{X}}^2 = \frac{1}{n^2}m^2 + \frac{1}{n^2}m^2 + \cdots + \frac{1}{n^2}m^2 = \frac{1}{n}m^2$$

$$m_{\overline{X}} = \pm \frac{m}{\sqrt{n}} \tag{6-3-18}$$

设该角度真值为 X，则各观测值的真误差为

$$\left.\begin{array}{l} \Delta_1 = X - l_1 \\ \Delta_2 = X - l_2 \\ \cdots \\ \Delta_n = X - l_n \end{array}\right\} \Rightarrow \left.\begin{array}{l} \dfrac{[\Delta]}{n} = X - \dfrac{[l]}{n} \\ \lim\limits_{n \to \infty} \dfrac{[\Delta]}{n} = 0 \end{array}\right\} \Rightarrow X = \lim\limits_{n \to \infty} \frac{[l]}{n} \Rightarrow \lim\limits_{n \to \infty} x = X \tag{6-3-19}$$

当观测次数无限多时，观测值的算术平均值就是该量的真值；当观测次数有限时，观测值的算术平均值最接近真值。所以，算术平均值是最或是值。

计算案例： 在相同的观测条件下，对某角度进行了 6 次观测，观测中误差 m 均为 $\pm 6''$，求此角度的最终结果的中误差。

解： 第一步，列出计算最终结果的函数式。

$$\beta = \frac{\beta_1 + \beta_2 + \beta_3 + \beta_4 + \beta_5 + \beta_6}{6}$$

第二步，根据误差传播定律计算该角度最终结果的中误差。

$$m_\beta^2 = \frac{1}{36}m_{\beta_1}^2 + \frac{1}{36}m_{\beta_2}^2 + \frac{1}{36}m_{\beta_3}^2 + \frac{1}{36}m_{\beta_4}^2 + \frac{1}{36}m_{\beta_5}^2 + \frac{1}{36}m_{\beta_6}^2$$

$$m_\beta = \pm\sqrt{\frac{1}{36}m_{\beta_1}^2 + \frac{1}{36}m_{\beta_2}^2 + \frac{1}{36}m_{\beta_3}^2 + \frac{1}{36}m_{\beta_4}^2 + \frac{1}{36}m_{\beta_5}^2 + \frac{1}{36}m_{\beta_6}^2}$$

$$= \pm\sqrt{\frac{1}{6} \times (\pm 6'')^2} = \pm 2.4''$$

引导问题 1： 什么是算术平均值？

答：

引导问题 2： 在已知观测值中误差情况下，怎么使用误差传播定律计算算术平均值的中误差？

答：

课后延学

用长 30 m 的钢尺丈量了 10 个尺段，若每尺段的中误差为 $m_1 = \pm 5$ mm，求全长 D 及其中误差 m_D。请以小组为单位判断这是一个倍数函数还是和差函数？应用误差传播定律计算中误差时要注意：1. 要正确列出函数式；2. 在函数式中，各个观测值必须相互独立，即互不相关。

思考与练习

填空题：

1. 在同等条件下，对某一角度重复观测 n 次，观测值为 $l_1, l_2, \cdots, l_n$，其中误差均为 m，则该量的算术平均值及其中误差分别为 _____ 和 _____。

2. 对某量进行了 n 次同精度观测，其算术平均值的精度比各观测值的精度提高了_____
_____倍。

选择题(单选)：

1. 一条直线分两段丈量，它们的中误差分别为 m_1 和 m_2，该直线丈量的中误差为(　　)。

A. $m_1^2 + m_2^2$　　　　　B. $m_1^2 \cdot m_2^2$　　　　　C. $\sqrt{m_1^2 + m_2^2}$

2. 一条附合水准路线共设 n 站，若每站水准测量中误差为 m，则该路线水准测量中误差为(　　)。

A. $\sqrt{n} \times m$　　　　　B. $m/\sqrt{n}$　　　　　C. $m \times n$

3. 对某量进行 n 次观测，若观测值的中误差为 m，则该量的算术平均值的中误差为(　　)。

A. $\sqrt{n} \times m$　　　　　B. m/n　　　　　C. $m/\sqrt{n}$

计算题：

在 $1:500$ 的图上，量得某两点间的距离 $d = 12.3$ mm，d 的量测中误差 $\delta = 0.1$ mm，求该两点实地距离 S 及中误差 δ_s。

任务四　计算观测值中误差

素质目标	1. 通过计算观测值中误差，提升测量工作的规范意识； 2. 通过相关案例的学习，树立精益求精的工匠精神
知识目标	1. 理解观测值、算术平均值的概念； 2. 理解真误差和改正数的区别； 3. 掌握白塞尔公式
技能目标	1. 会通过查阅相关文献获取测量知识； 2. 能通过小组协作完成学习任务； 3. 会用白塞尔公式计算观测值中误差

课前导学

6-12观测值的
中误差

引导问题：控制点选址不规范会导致隧道贯通误差超限。某铁路隧道 3 号斜井洞外控制网布设时由于山区条件限制，洞口仅 2 个控制点，边长约 160 m，造成进洞边方位角偏差过大。请对原因进行分析。

答：

课堂实施

计算同精度观测值的中误差，首先要已知各观测值的真误差。但在实际工作中，因为往往不知道观测值的真值，所以无法求得真误差。但是，可以求得观测值的最或然值（即算术平均值）。因此，在实际工作中常常以观测值的算术平均值取代观测值的真值进行中误差的解算。

设在同样的观测条件下，对一个角度进行多次观测，观测值分别为 $l_1, l_2, \cdots, l_n$，求观测值中误差。

（1）算术平均值为

$$x = \frac{l_1 + l_2 + \cdots + l_n}{n} = \frac{[l]}{n} \tag{6-4-1}$$

（2）假设此角度真值为 X，则真误差分别为

$$\left.\begin{array}{l} \Delta_1 = X - l_1 \\ \Delta_2 = X - l_2 \\ \cdots \\ \Delta_n = X - l_n \end{array}\right\} \tag{6-4-2}$$

（3）改正数是算术平均值和观测值之差，用 $\nu_1, \nu_2, \cdots, \nu_n$ 表示为

$$\left.\begin{array}{l} \nu_1 = x - l_1 \\ \nu_2 = x - l_2 \\ \cdots \\ \nu_n = x - l_n \end{array}\right\} \tag{6-4-3}$$

（4）由（2）、（3）进行推导，可得

$$\left.\begin{array}{l} \Delta_1 = \nu_1 + (X - x) \\ \Delta_2 = \nu_2 + (X - x) \\ \cdots \\ \Delta_n = \nu_n + (X - x) \end{array}\right\}$$

$$[\Delta\Delta] = [\nu\nu] + n(X - x)^2 + 2(X - x)[\nu]$$

$$[\Delta\Delta] = [\nu\nu] + n(X - x)^2$$

$$\frac{[\Delta\Delta]}{n} = \frac{[\nu\nu]}{n} + (X - x)^2$$

其中，设 $\delta^2 = (X - x)^2$

$$\delta^2 = (X - x)^2 = \left(X - \frac{[l]}{n}\right)^2 = \frac{1}{n^2}(nX - [l])^2$$

$$= \frac{1}{n^2}(\Delta_1^2 + \Delta_2^2 + \cdots + \Delta_n^2 + 2\Delta_1\Delta_2 + 2\Delta_1\Delta_3 + \cdots + 2\Delta_{n-1}\Delta_n)$$

$$= \frac{[\Delta\Delta]}{n^2} + \frac{2}{n^2}(\Delta_1\Delta_2 + \Delta_1\Delta_3 + \cdots + \Delta_{n-1}\Delta_n)$$

$$\frac{[\Delta\Delta]}{n} = \frac{[\nu\nu]}{n} + \frac{[\Delta\Delta]}{n^2}$$

$$m^2 = \frac{[\nu\nu]}{n} + \frac{m^2}{n}$$

$$m = \pm\sqrt{\frac{[\nu\nu]}{n-1}} \tag{6-4-4}$$

公式(6-4-4)称为白塞尔公式。

结论：可以用各观测值与算术平均值的差值（即改正数），计算观测值中误差，但要注意式(6-4-4)和真误差计算中误差公式的区别。

计算案例：

对某长度丈量 4 次，观测值分别为 248.008 m、248.012 m、248.011 m、248.009 m。试计算：（1）观测值中误差；（2）算术平均值中误差。

解：（1）算术平均值：$\bar{L} = \dfrac{L_1 + L_2 + L_3 + L_4}{4} = 248.010$ m

改正数：

$$\nu_1 = L_1 - \bar{L} = 248.008 - 248.010 = -2(\text{mm})$$

$$\nu_2 = L_2 - \bar{L} = 248.012 - 248.010 = 2(\text{mm})$$

$$\nu_3 = L_3 - \bar{L} = 1 \text{ mm}$$

$$\nu_4 = L_4 - \bar{L} = -1 \text{ mm}$$

观测值中误差：

$$m = \pm\sqrt{\frac{[\nu\nu]}{n-1}} = \pm 1.73 \text{ mm}$$

（2）算术平均值中误差

$$m = \frac{m_0}{\sqrt{n}} = \pm 0.865 \text{ mm}$$

引导问题：由于测量工作中，真值难以获取，常常利用改正数计算中误差，具体的计算公式是什么？

答：

思考与练习

计算题：

1. 设对某水平角进行了 5 次观测，其角度为 63°26′12″、63°26′09″、63°26′18″、63°26′15″、63°26′06″。计算其算术平均值、观测值的中误差。

2. 对某长度丈量 4 次，观测值分别为 212. 972 m、212. 968 m、212. 969 m、212. 971 m。试计算：(1)观测值中误差；(2)算术平均值中误差。

项目七　平面控制测量

项目导入

测定某区域的地形图，须遵循测量的基本原则，先控制后碎部。在测区内，以必要的精度测定一系列控制点的水平位置和高程，建立工程控制网，作为地形测量和工程测量的依据，这项测量工作称为控制测量。控制测量包括平面控制测量和高程控制测量。以较高的精度测定地面上一系列控制点的平面位置称为平面控制测量。通过本项目的学习，应掌握平面控制测量的方法，导线测量、交会测量及其计算过程；能建立、观测并计算一般工程平面控制网，为后续测绘地形图奠定基础。

素养园地

全国职业院校技能大赛是由教育部联合国务院有关部门、行业和地方共同举办的一项全国性职业教育学生竞赛活动。其中高职院校的 GZ004 赛项为"地理空间信息采集与处理"，该大赛共设置了 8 个比赛项目，分别为一级导线测量、二级导线测量、二等水准测量、三等水准测量、数字测图、三维城市建模、曲线测设和施工放样。比赛项目融入了"工程测量员职业技能证书"和"'1 + X'测绘地理信息数据获取与处理职业技能证书"的考核，在比赛中，参赛队员不怕困难、积极进取、顽强拼搏、坚持不懈、刻苦钻研，在探索测绘新方法、提高测量精度和缩短测量时间过程中积累丰富的经验。

本赛项设立十余年来，极大地推动了测绘行业的教学发展，培养了一大批爱岗敬业、不畏艰苦、严谨细致、团结协作的专业人员。测绘工作是一项精细而严谨的工作，测绘成果的好坏对建设有重大影响，为了适应时代发展和现代化测绘技术的需要，我们必须努力学习专业知识，担负起艰辛而光荣的测绘使命，为现代化建设贡献力量。

任务一　认识控制测量

素质目标	1. 通过相关案例学习，树立严谨细致、规范作业的职业素养； 2. 通过控制测量精度的学习，树立精益求精的工匠精神
知识目标	1. 了解控制测量的概念； 2. 掌握平面控制测量的方法； 3. 掌握坐标方位角的推算方法； 4. 掌握坐标正反算方法
技能目标	1. 能通过查阅文献获取知识； 2. 能通过小组协作完成学习任务； 3. 能根据已知方位角和转折角推算未知边的方位角； 4. 能用公式进行坐标正反算； 5. 能利用计算器进行坐标正反算

课前导学

引导问题：在项目二中，我们学过"先控制后碎部"的基本原则，先控制即为控制测量，在测量工作中，控制测量起什么作用？

答：

课堂实施

子任务 1：了解控制测量

1. 控制测量基本概念

测量工作的基本任务是确定点的空间位置，基本方法是利用已知点数据通过边、角、高差的观测，逐步推算未知点坐标。经过多次设站后，误差积累必定达到一定程度，从而超出测量的允许范围。为保证必要的测量精度，在测量工作中必须遵循"由整体到局部，先控制后碎部，先高级后低级"的原则，先进行控制测量，后进行碎部测量。这样可以保证整个测区有一个统一的、均匀的测量精度。

7-1认识平面控制测量

控制测量是指以较高的精度测量地面上一系列控制点的平面位置和高程，为地形测量和各种工程测量提供依据。它包括平面控制测量和高程控制测量。平面控制测量包括导线控制测量和小三角测量等；高程控制测量包括水准测量与三角高程测量等。

以较高精度测量的具有准确可靠坐标(X，Y，H)的基准点称为控制点，由控制点按一定规律构成的几何图形称为控制网，控制网按功能可分为平面控制网和高程控制网；按控制网的规模可分为国家控制网、城市控制网、小区域控制网和图根控制网。

2. 控制测量的作用

(1)打好各项测量工作的基础。

(2)可控制测量工作全局。

(3)减少误差积累。

3. 控制测量的原则

(1)分级布网，逐级控制(由高级到低级)。

(2)要有足够的精度。

(3)要有足够的密度。

(4)要有统一的规格。

引导问题 1：在工程测量和地形图测绘中，首先要进行基础控制网布设，再逐级加密低等级控制点，查阅《测量标准》，总结导线网的选点、布网原则。

答：

引导问题 2：在实际工程作业中，控制测量可以采用多种方法，查阅《测量标准》，讨论不同控制测量方法有哪些优缺点。

答：

子任务 2：掌握直线定向

一、坐标方位角

1. 方位角的概念

7-2坐标方位角概念

从直线起点的标准方向北端起，顺时针方向量至该直线的水平夹角，称为该直线的方位角，其角值范围为0°~ 360°。因为标准方向有 3 种，所以方位角也有 3 种，即真方位角、磁方位角、坐标方位角。

以真子午线为标准方向线，所得方位角称为真方位角，一般以 A 表示。以磁子午线为标准方向线，所得方位角称为磁方位角，一般以 A_m 表示。以坐标纵轴为标准方向线，所得方位角称为坐标方位角(有时简称方位角)，一般以 α 表示。

2. 正反坐标方位角

相对来说，一条直线有正、反两个方向。直线的两端可以按正、反方位角进行定向。若设直线的正方向为 12，则直线 12 的方位角为正方位角，而直线 21 的方位角就是直线 12 的反方位角。反之，也是一样，若以 α_{12} 为正坐标方位角，则 α_{21} 为反坐标方位角。两者有如下的关系：

若 $\alpha_{12} < 180°$，则有 $\alpha_{21} = \alpha_{12} + 180°$。

若 $\alpha_{12} > 180°$，则有 $\alpha_{21} = \alpha_{12} - 180°$。

即
$$\alpha_{21} = \alpha_{12} \pm 180°$$
$$\alpha_{反} = \alpha_{正} \pm 180° \tag{7-1-1}$$

引导问题 1：查阅资料，总结三种方位角的各自用途有哪些？

答：

引导问题 2：用科学计算器计算给定的两个控制点的坐标方位角，学会计算器计算方位角的方法。

答：

二、坐标方位角的推算

7-3坐标方位角
的推算

α_{12} 已知，通过联测求得 12 边与 23 边的连接角为 β_2（右角）、23 边与 34 边的连接角为 β_3（左角），现推算 α_{23}、α_{34}。由图 7-1-1 分析可知：

$$\alpha_{23} = \alpha_{21} - \beta_2 = \alpha_{12} + 180° - \beta_2$$
$$\alpha_{34} = \alpha_{32} + \beta_3 - 360° = (\alpha_{23} + 180°) + \beta_3 - 360° = \alpha_{23} - 180° + \beta_3$$

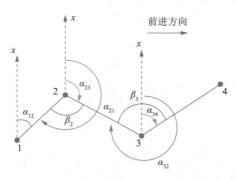

图 7-1-1　坐标方位角的推算

推算坐标方位角的通用公式如下：

$$\alpha_{前} = \alpha_{后} \mp 180° \pm \beta_{右}^{左}$$

即
$$\left.\begin{array}{l} \alpha_{前} = \alpha_{后} - 180° + \beta_{左} \\ \alpha_{前} = \alpha_{后} + 180° - \beta_{右} \end{array}\right\} \tag{7-1-2}$$

当 β 角为左角时，前面符号取 +；当 β 角为右角时，前面符号取 -。

注意：计算中，若 $\alpha_{前} > 360°$，则减 360°；若 $\alpha_{前} < 0°$，则加 360°。

计算案例：

已知 $\alpha_{12} = 40°$，β_2、β_3 及 β_4 的角值均注于图 7-1-2 上，试求其余各边坐标方位角。

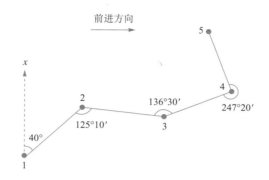

图 7-1-2 方位角推算案例

解：

$$\alpha_{23} = \alpha_{12} + 180° - \beta_2 = 40° + 180° - 125°10' = 94°50'$$

$$\alpha_{34} = \alpha_{23} - 180° + \beta_3 = 94°50' - 180° + 136°30' = 51°20'$$

$$\alpha_{45} = \alpha_{34} + 180° - \beta_4 = 51°20' + 180° - 247°20' = -16°$$

由于坐标方位角的范围是 $0° \sim 360°$，所以 $\alpha_{45} = -16° + 360° = 344°$。

引导问题 1： 使用坐标方位角推算公式有哪些注意事项？

答：

引导问题 2： 针对给定的闭合四边形，一条边已知、各转折角已知，能利用坐标方位角推算公式计算待求边的坐标方位角。

答：

三、掌握象限角

象限角是用来表示直线方向的方法之一。从基本方向的北端或南端起算，逆时针或顺时针量至该直线所构成的锐角，称为象限角，用 R 表示，其取值范围是 $0° \sim 90°$。象限角和方位角换算见表 7-1-1。如图 7-1-3 所示，直线 $O1$、$O2$、$O3$、$O4$ 的象限角分别为 R_{O1}、R_{O2}、R_{O3}、R_{O4}。用象限角表示直线方向时，须在角度前注明该直线所在的象限。Ⅰ～Ⅳ象限分别用北东、南东、南西和北西表示。$R_{O1} =$ 北东（NE）$55°26'38''$，$R_{O3} =$ 南西（SW）$44°36'28''$。象限角与坐标方位角都是表示直线方向的方法，两者既有区别、又有联系，可以进行相互转换。

7-4 象限角

表 7-1-1 象限角和方位角换算

直线	R 与 α 的关系
$O1$	$\alpha_{O1} = R_{O1}$
$O2$	$\alpha_{O2} = 180° - R_{O2}$
$O3$	$\alpha_{O3} = 180° + R_{O3}$
$O4$	$\alpha_{O4} = 360° - R_{O4}$

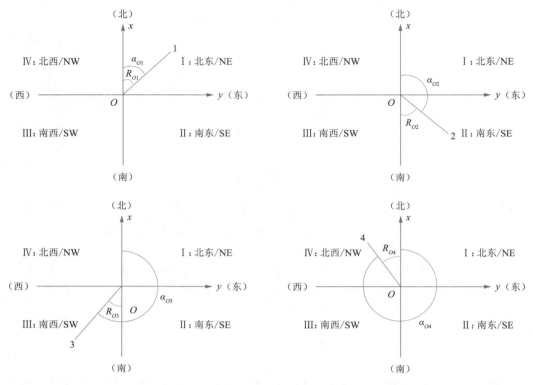

图 7-1-3　各个象限内的方位角和象限角

引导问题 1：分析本书的象限角与笛卡尔坐标系的象限角的不同之处。

答：

引导问题 2：象限角和坐标方位角有什么样的关系？

答：

子任务 3：会坐标正反算

平面控制测量的目的是计算出控制点的坐标。以导线为例，首先要已知起算点的坐标、起始边的方位角，然后通过测角、量边，推算未知点的坐标，在坐标计算过程中会涉及坐标正反算。

7-5坐标正反计算

1. 坐标正算

根据直线的起点坐标、直线的水平距离及坐标方位角来计算直线终点的坐标的过程称为坐标正算(图 7-1-4)。

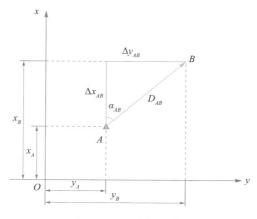

图 7-1-4 坐标正算

已知 A 点坐标为 x_A，y_A，直线 AB 的水平距离、方位角分别为 D_{AB}、α_{AB}，计算 B 点坐标 x_B，y_B。

（1）计算坐标增量

坐标增量是直线段终点坐标值与起点对应坐标值之差，包括横轴坐标增量和纵轴坐标增量。

$$\left.\begin{array}{l} \Delta x_{AB} = x_B - x_A \\ \Delta y_{AB} = y_B - y_A \end{array}\right\} \tag{7-1-3}$$

由图 7-1-4 中可看出：

$$\left.\begin{array}{l} \Delta x_{AB} = D_{AB}\cos\alpha_{AB} \\ \Delta y_{AB} = D_{AB}\sin\alpha_{AB} \end{array}\right\} \tag{7-1-4}$$

（2）计算 B 点坐标

$$\left.\begin{array}{l} x_B = x_A + \Delta x_{AB} \\ y_B = y_A + \Delta y_{AB} \end{array}\right\} \tag{7-1-5}$$

2. 坐标反算

根据已知直线的起点和终点坐标来计算直线的水平距离和坐标方位角的过程称为坐标反算（图 7-1-5）。已知 A 点坐标为 $(x_A，y_A)$，B 点坐标为 $(x_B，y_B)$，计算直线 AB 的水平距离和方位角。

（1）计算水平距离

利用数学中计算两点间距离的公式进行计算。

$$D_{AB} = \sqrt{(x_B - x_A)^2 + (y_B - y_A)^2} \tag{7-1-6}$$

（2）计算方位角

$$\begin{aligned} \alpha_{AB} &= \arctan\frac{\Delta y_{AB}}{\Delta x_{AB}} \\ &= \arctan\frac{y_B - y_A}{x_B - x_A} \end{aligned} \tag{7-1-7}$$

注意：arctan 函数值范围为 $-90° \sim +90°$，即式（7-1-7）右边求的是象限角，而方位角

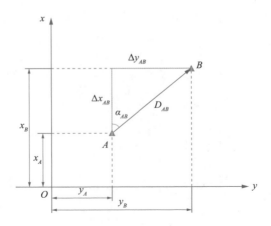

图 7-1-5 坐标反算

为 0° ~360 °，因此应将象限角转化为方位角。由 Δx 与 Δy 的正负号，判断其所在的象限。下列算式中所有的 $\alpha_{AB锐}$ 都表示一个正的锐角。

（1）若 $\Delta x_{AB}>0$ 且 $\Delta y_{AB}>0$，则为第一象限，$\alpha_{AB}=\alpha_{AB锐}$。

（2）若 $\Delta x_{AB}<0$ 且 $\Delta y_{AB}>0$，则为第二象限，$\alpha_{AB}=180°-\alpha_{AB锐}$。

（3）若 $\Delta x_{AB}<0$ 且 $\Delta y_{AB}<0$，则为第三象限，$\alpha_{AB}=180°+\alpha_{AB锐}$。

（4）若 $\Delta x_{AB}>0$ 且 $\Delta y_{AB}<0$，则为第四象限，$\alpha_{AB}=360°-\alpha_{AB锐}$。

（5）若 $\Delta x_{AB}=0$ 且 $\Delta y_{AB}>0$，则 $\alpha_{AB}=90°$。

（6）若 $\Delta x_{AB}=0$ 且 $\Delta y_{AB}<0$，则 $\alpha_{AB}=270°$。

（7）若 $\Delta y_{AB}=0$ 且 $\Delta x_{AB}>0$，则 $\alpha_{AB}=0°$。

（8）若 $\Delta y_{AB}=0$ 且 $\Delta x_{AB}<0$，则 $\alpha_{AB}=180°$。

计算案例 1：

在高斯投影坐标系下，A 点坐标 $X_A=300.000$ m，$Y_A=300.000$ m，B 点坐标 $X_B=400.000$ m，$Y_B=200.000$ m，求 A、B 两点实地水平距离和 AB 直线的方位角 α_{AB}。

解：
$$x_B=x_A+\Delta x_{AB}=x_A+D_{AB}\cos\alpha_{AB}=200+100\times\cos30°=286.603(\mathrm{m})$$
$$y_B=y_A+\Delta y_{AB}=y_A+D_{AB}\sin\alpha_{AB}=300+100\times\sin30°=350.000(\mathrm{m})$$

计算案例 2：

已知 A 点坐标 $X_A=200.000$ m，$Y_A=300.000$ m，$\alpha_{AB}=30°$，$D_{AB}=100$ m，求 B 点坐标。

引导问题 1： 进行小组讨论，查阅资料，通过坐标正反算的知识，分析其与高斯正反算的区别。

答：

引导问题 2：在实际项目中，常常需要用到坐标反算，思考在进行坐标反算时我们需要注意哪些问题？

答：

实训 11：使用科学计算器进行坐标正反算。

实训11-1使用科学
计算器进行坐标正
反算实训指导

实训11-2使用科学
计算器进行坐标
正反算实训报告

7-6计算器坐标
正反算

7-7坐标正算动画

课后延学

在测量工作中仅仅知道直线的距离是不够的，要想在地面上确定唯一直线，还必须要知道直线的方向，因此将确定地面上直线与标准方向线之间角度的工作称为直线定向。测量工作中的标准方向包括以下 3 种，一般将其统称为三北方向。

（1）真子午线方向。

（2）磁子午线方向。

（3）坐标北方向。

思考与练习

填空题：

1. 控制测量分为_____和_____。

2. 国家平面控制网按其精度可分为_____、_____、_____、_____四个等级。

3. 小区域平面控制网一般采用_____网和_____网。

4. 测量上常用的标准方向有_____、_____和_____。

选择题（单选）：

1. 测量上常见的方位角有真方位角、磁方位角和(   )。

    A. 坐标方位角   B. 水平角   C. 竖直角   D. 方向角

2. 坐标方位角的范围是(   )。

    A. $0° \sim 90°$ B. $0° \sim 180°$ C. $0° \sim 270°$ D. $0° \sim 360°$

计算题：

1. 如图 7-1-6 所示，已知 AB 边坐标方位角为 $331°50'24''$，观测角度 β_1 为 $93°21'12''$，

β_2 为 $97°08'06''$，β_3 为 $82°18'48''$，推算 2—3 边的坐标方位角。

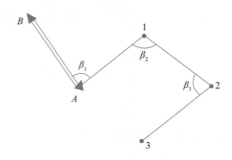

图 7-1-6 坐标方位角计算

2. 在高斯投影坐标系下，A 点坐标 $X_A = 300.000$ m，$Y_A = 300.000$ m，B 点坐标 $X_B = 200.000$ m，$Y_B = 400.000$ m，求 A、B 两点实地水平距离和 AB 直线的方位角 α_{AB}。

知识加油站

控制网的分类：

控制网分为国家控制网、城市控制网和小区域控制网。

（1）国家控制网

国家控制网又称基本控制网，即在全国范围内按统一方案建立的控制网，它是使用精密仪器采用精密方法测量，并进行严格数据处理，最后求得控制点的平面位置和高程。

国家控制网按其精度可分为一等、二等、三等、四等 4 个级别。

（2）城市控制网

城市控制网是在国家控制网的基础上建立起来的，目的是为城市规划、市政建设、工业民用建筑设计和施工放样服务。

（3）小区域控制网

小区域控制网是指在面积小于 15 km² 的范围内建立的控制网。小区域控制网原则上应与国家或城市控制网相连，形成统一的坐标系和高程系。但当连接有困难时，为了建设的需要也可以建立独立控制网。小区域控制网根据测区面积大小分级建立，主要包括一、二、三级导线，一、二级小三角网或图根控制网。

任务二 学会导线测量

素质目标	1. 通过规范标准的学习，提升职业素养； 2. 通过小组实训，树立团队协作、吃苦耐劳的精神
知识目标	1. 了解导线测量的定义； 2. 掌握导线的布设形式； 3. 掌握支导线外业测量和内业计算； 4. 掌握闭合导线外业测量和内业计算； 5. 掌握附合导线外业测量和内业计算
技能目标	1. 能根据具体工程项目选用合适的导线布设形式； 2. 能进行导线外业工作； 3. 能根据已知数据及外业测量数据进行内业成果计算； 4. 能通过小组协作完成学习任务

课前导学

引导问题 1：工程测量标准中，平面控制测量分为卫星定位测量、导线测量、三角网测量和自由设站测量。自由设站测量即任意设站后，测量至周围少量已知点的边长和角度，依据边角后方交会原理获取设站点坐标，那么我们说的导线测量的含义是什么？

答：

引导问题 2：与水准测量类似，导线测量也分等级要求，查阅相关规范，分析导线测量与水准测量的主要技术要求有哪些不同？

答：

课堂实施

子任务 1：掌握支导线测量

支导线从一个已知控制点开始，既不附合又不回到原来的起始点，因此支导线没有图形自行检核条件，发生错误不易被发现，一般只能用于无法布设附合导线或闭合导线的特殊情况，并且要对导线边长和边数进行限制。图 7-2-1 为支导线示意。

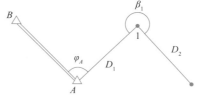

7-8支导线

图 7-2-1 支导线示意

支导线内业计算步骤如下：

1. 由水平角观测值β，计算方位角α：

$$\left.\begin{aligned}\alpha_{前} &= \alpha_{后} - 180° + \beta_{左}\\\alpha_{前} &= \alpha_{后} + 180° - \beta_{右}\end{aligned}\right\}$$ (7-2-1)

2. 由方位角α、边长D，计算坐标增量Δx、Δy：

$$\left.\begin{aligned}\Delta x_{AB} &= D_{AB}\cos \alpha_{AB}\\\Delta y_{AB} &= D_{AB}\sin \alpha_{AB}\end{aligned}\right\}$$ (7-2-2)

3. 由坐标增量Δx、Δy，计算x、y：

$$\left.\begin{aligned}x_B &= x_A + \Delta x_{AB}\\y_B &= y_A + \Delta y_{AB}\end{aligned}\right\}$$ (7-2-3)

计算案例：

已知 A、B 两点坐标分别为（664.20，213.30）和（864.22，413.35），测得 β_1 为212°00′10″，D_1 为297.26 m，β_2 为162°15′30″，D_2 为187.82 m，推算各边的方位角及 1、2 点的坐标（图7-2-2）。

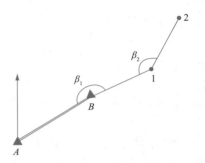

图 7-2-2　支导线计算

解： 1. 计算起始边方位角

$$\alpha_{AB} = \arctan\frac{\Delta y_{AB}}{\Delta x_{AB}} = \arctan\frac{y_B - y_A}{x_B - x_A}$$

$$= \arctan\frac{413.35 - 213.30}{864.22 - 664.20} = 45°00′15″$$

2. 方位角推算

$$\alpha_{B1} = \alpha_{AB} - 180° + \beta_B = 45°00′15″ - 180° + 212°00′10″ = 77°00′25″$$

$$\alpha_{12} = \alpha_{B1} - 180° + \beta_1 = 77°00′25″ - 180° + 162°15′30″ = 59°15′55″$$

3. 计算各边坐标增量

$$\Delta x_{B1} = D_{B1}\cos \alpha_{B1} = 297.26 \times \cos 77°00′25″ = 66.834(\text{m})$$

$$\Delta y_{B1} = D_{B1}\sin \alpha_{B1} = 297.26 \times \sin 77°00′25″ = 289.649(\text{m})$$

$$\Delta x_{12} = D_{12}\cos \alpha_{12} = 187.82 \times \cos 59°15′55″ = 95.988(\text{m})$$

$$\Delta y_{12} = D_{12}\sin \alpha_{12} = 187.82 \times \sin 59°15′55″ = 161.439(\text{m})$$

4. 计算1、2点坐标

$$X_1 = X_B + \Delta x_{B1} = 864.22 + 66.834 = 931.054(\text{m})$$

$$Y_1 = Y_B + \Delta y_{B1} = 413.35 + 289.649 = 702.999(\text{m})$$

$$X_2 = X_1 + \Delta x_{12} = 931.054 + 95.988 = 1\,027.042(\text{m})$$

$$Y_2 = Y_1 + \Delta y_{12} = 702.999 + 161.439 = 864.438(\text{m})$$

引导问题1： 总结讨论支导线的优缺点以及适用条件。

答：

引导问题**2**：查阅资料，了解隧道进洞测量双导线的测量过程。

答：

子任务 2：掌握闭合导线测量

7-9闭合导线（一）　　7-10闭合导线（二）

闭合导线起、止于同一个已知点和已知方向，中间经过一系列的导线点，形成一个闭合多边形。图7-2-3是实测图根闭合导线，图中各项数据是从外业观测手簿中获得的。已知12边的坐标方位角 α_{12}，1点坐标 X_1、Y_1，观测值 β_1、β_2、β_3、β_4，以及观测值12边、23边、34边、41边的长度，计算2、3、4导线点的坐标。结合本例说明闭合导线计算步骤如下：

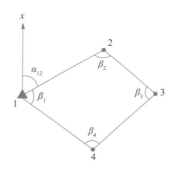

图 7-2-3　实测图根闭合导线

1. 计算角度闭合差 f_β，并进行调整

（1）计算角度闭合差。

$$\sum \beta_{理} = (n-2) \times 180° \tag{7-2-4}$$

$$f_\beta = \sum \beta_{测} - \sum \beta_{理} = (\beta_1 + \beta_2 + \cdots + \beta_n) - (n-2) \times 180° \tag{7-2-5}$$

此闭合导线为多边形，因此其内角和的理论值为 $(n-2) \times 180°$。$\sum \beta_{测}$ 表示多边形内角实测之和，f_β 表示角度闭合差，其中 n 为闭合多边形的边数，此案例为4。

图根导线容许误差：$f_{\beta容} = \pm 60'' \sqrt{n}$。

当 $|f_\beta| \leqslant |f_{\beta容}|$ 时，我们认为导线的角度测量是符合要求的，否则要对计算过程进行全面检查，若计算没有问题，就要对角度进行重测。

（2）将闭合差反符号，平均分配到各水平角上，即

$$\nu_{\beta i} = \frac{-f_\beta}{n} (i = 1, 2, \cdots, n) (\nu_{\beta i} \text{为第} \beta_i \text{个角的改正数，} n \text{为观测角的个数}) \tag{7-2-6}$$

检核：

$$\sum \nu_{\beta i} = -f_\beta \tag{7-2-7}$$

改正后的角度值

$$\beta_i' = \beta_i + \nu_i \tag{7-2-8}$$

检核：

$$\sum \beta_i' = \sum \beta_{理} \tag{7-2-9}$$

2. 推算各边的坐标方位角

$$\left.\begin{array}{l} \alpha_{前} = \alpha_{后} - 180° + \beta_{左} \\ \alpha_{前} = \alpha_{后} + 180° - \beta_{右} \end{array}\right\} \tag{7-2-10}$$

检核：$\alpha_{已知} = \alpha_{推算}$（利用改正后的角度值推算已知边的方位角，比较推算值和已知值是否相符）。

本案例中：

$$\alpha_{12} = \alpha_{41} + 180° - \beta'_1 \tag{7-2-11}$$

3. 计算各边的坐标增量

$$\left.\begin{array}{l} \Delta x_{ii+1} = x_{i+1} - x_i = D_{ii+1}\cos \alpha_{ii+1} \\ \Delta y_{ii+1} = y_{i+1} - y_i = D_{ii+1}\sin \alpha_{ii+1} \end{array}\right\} \tag{7-2-12}$$

4. 坐标增量闭合差的计算及调整

（1）坐标增量闭合差的计算

因为闭合导线起、止于同一点，所以闭合导线的坐标增量总和理论上为零，即

$$\left.\begin{array}{l} \sum \Delta x_{理} = 0 \\ \sum \Delta y_{理} = 0 \end{array}\right\} \tag{7-2-13}$$

如果用 $\sum \Delta x_{测}$、$\sum \Delta y_{测}$ 分别表示计算的坐标增量总和，则存在的测量误差会使计算出的坐标增量总和与理论值不相等，二者之差称为闭合导线坐标增量闭合差，分别用 f_x，f_y 表示，有

$$\left.\begin{array}{l} f_x = \sum \Delta x_{测} - \sum \Delta x_{理} = \sum \Delta x_{测} \\ f_y = \sum \Delta y_{测} - \sum \Delta y_{理} = \sum \Delta y_{测} \end{array}\right\} \tag{7-2-14}$$

计算导线全长绝对闭合差：

$$f_D = \sqrt{f_x^2 + f_y^2} \tag{7-2-15}$$

计算导线全长相对闭合差：

$$K = \frac{f_D}{\sum D} = \frac{1}{\dfrac{\sum D}{f_D}} \tag{7-2-16}$$

式中，$\sum D$ 表示各条导线边长之和，根据误差理论，导线全长相对闭和差不会超过一定界限，如果用 $K_容$ 表示这个界限值，则当 $K < K_容$ 时，我们认为导线边长测量是符合要求的（本例中 $K_容 = 1/2\ 000$）。

（2）坐标增量闭合差的调整

Δx 改正数

$$\left.\begin{array}{l} v_{x_i} = \dfrac{-f_x}{\sum D} \times D_i \\[4mm] v_{y_i} = \dfrac{-f_y}{\sum D} \times D_i \end{array}\right\} \tag{7-2-17}$$

Δy 改正数

检核：

$$\left.\begin{array}{l} \sum v_{x_i} = -f_x \\ \sum v_{y_i} = -f_y \end{array}\right\} \tag{7-2-18}$$

计算改正后的坐标增量：

$$\left.\begin{array}{l}\Delta x_i' = \Delta x_i + \nu_{x_i} \\ \Delta y_i' = \Delta y_i + \nu_{y_i}\end{array}\right\}$$

检核：

$$\left.\begin{array}{l}\sum \Delta x_i' = 0 \\ \sum \Delta y_i' = 0\end{array}\right\} \qquad (7\text{-}2\text{-}19)$$

5. 计算各导线点的坐标 x_i，y_i

检核：

$$\left.\begin{array}{l}x_{i+1} = x_i + \Delta x_{ii+1}' \\ y_{i+1} = y_i + \Delta y_{ii+1}'\end{array}\right\} \qquad (7\text{-}2\text{-}20)$$

计算案例：

如图 7-2-4 所示，已知 12 边的坐标方位角为 38°15′00″，$x_1 = 200.000$，$y_1 = 500.000$，$\alpha_{12} = 38°15′00″$，β_1、β_2、β_3、β_4 的值分别为 93°57′45″、102°48′09″、78°51′15″、84°23′27″，导线边长 12、23、34、41 的长度分别为 112.01 m、87.58 m、137.71 m、89.50 m（表 7-2-1），计算 2、3、4 导线点的坐标。

表 7-2-1　闭合导线坐标计算

点号	观测角 (° ′ ″)	改正后的角度 (° ′ ″)	坐标方位角 (° ′ ″)	边长 (m)	坐标增量(m) 计算值 Δx	计算值 Δy	改正后 Δx	改正后 Δy	坐标(m) x	坐标(m) y
1	2	3	4	5	6	7	8	9	10	11
1			38 15 00	112.01					200.00	500.00
2	102 48 09			87.58						
3	78 51 15			137.71						
4	84 23 27			89.50						
1	93 57 45								200.00	500.00
$\sum$										

辅助计算：

引导问题 1：通过上述学习，思考闭合导线相比支导线有什么优点？
答：

引导问题 2：针对上述计算案例，思考如果 f_x 和 f_y 都为 0，那 k 值如何计算？
答：

子任务 3：掌握附合导线测量

附合导线的计算步骤与闭合导线完全相同，仅在计算角度闭合差和坐标增量闭合差时有所不同，以下主要介绍两者的不同点。

（1）角度闭合差的计算

如图 7-2-4 所示，由已知方位角 α_{BA}，α_{CD}，通过 β_A、β_1、β_2、β_3、β_4、β_C 推算出 CD 边的方位角 α'_{CD}，则角度闭合差为

7-11附合导线（一）

7-12附合导线（二）

$$f_\beta = \alpha'_{CD} - \alpha_{CD} \qquad (7\text{-}2\text{-}21)$$

式中，$\alpha'_{CD} = \alpha_{BA} + \sum \beta - 180° \times n$，$n$ 是从起始边 BA 到终边 CD 测得的转折角的个数。因此角度闭合差为

$$f_\beta = \alpha_{BA} + \sum \beta - 180° \times n - \alpha_{CD} \qquad (7\text{-}2\text{-}22)$$

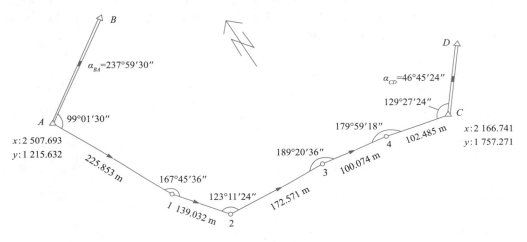

图 7-2-4　附合导线计算示意

（2）坐标增量闭合差的计算

导线边长坐标增量之和的理论值为

$$\left. \begin{array}{l} \sum \Delta x_{理} = x_C - x_A \\ \sum \Delta y_{理} = y_C - y_A \end{array} \right\} \qquad (7\text{-}2\text{-}23)$$

坐标增量闭合差为

$$\left. \begin{array}{l} f_x = \sum \Delta x_{测} - \sum \Delta x_{理} = \sum \Delta x_{测} - (x_C - x_A) \\ f_y = \sum \Delta y_{测} - \sum \Delta y_{理} = \sum \Delta y_{测} - (y_C - y_A) \end{array} \right\} \qquad (7\text{-}2\text{-}24)$$

导线全长相对闭合差存在不可避免的误差，如果在导线测量内业计算过程中发现角度闭合差或导线全长闭合差超过容许限度，则应先检查外业原始测量记录、内业计算及已知数据抄录是否存在错误，如果都没有问题，则说明外业测量过程中存在错误，此时应到现场返工重测。为避免重复劳动，在去现场之前如能判断出可能发生的错误，则可以避免全部返工，从而提高工作效率。

计算案例：

如图 7-2-4 所示，已知 BA 边的坐标方位角为 237°59′30″，CD 边的坐标方位角为 46°45′24″，$x_A = 2\ 507.693$，$y_A = 1\ 215.632$，$x_C = 2\ 166.741$，$y_C = 1\ 757.271$，β_A、β_1、β_2、β_3、β_4、β_C 的值分别为 99°01′30″、167°45′36″、123°11′24″、189°20′36″、179°59′18″、129°27′24″，导线边长 A1、12、23、34、4C 的长度分别为 225.853 m、139.032 m、172.571 m、100.074 m、102.485 m（表 7-2-2），计算 1、2、3、4 导线点的坐标。

表 7-2-2　附合导线坐标计算

点号	观测角 (° ′ ″)	改正后的角度 (° ′ ″)	坐标方位角 (° ′ ″)	边长 (m)	坐标增量(m)				坐标(m)	
					计算值		改正后			
					Δx	Δy	Δx	Δy	x	y
1	2	3	4	5	6	7	8	9	10	11
B			237 59 30							
A	99 01 30			225.853					2 507.693	1 215.632
1	167 45 36			139.032						
2	123 11 24			172.571						
3	189 20 36			100.074						
4	179 59 18			102.485						
C	129 27 24								2 166.741	1 757.271
D			46 45 24							
Σ										

辅助计算：

引导问题 1：通过学习闭合导线与附合导线，总结闭合导线和附合导线的数据计算在哪些地方有所不同？

答：

引导问题 2：小组讨论附合导线的优缺点以及适用条件。

答：

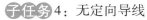 **子任务** 4：无定向导线

在施工过程中，如果原有的导线控制点遭破坏或者被建筑物遮挡，就

7-13无定向导线

会只有坐标而没有方向。在这些控制点间进行导线加密，就是无定向导线(图7-2-5)。

图 7-2-5　无定向导线

无定向导线是没有方向检核的导线，它可能是从一条已知边出发而闭合到另一个已知点，也可能在导线的两端各有一个已知点。对于这种无定向导线，不能用常规的计算方法来推算各待测点坐标，因为它没有起算方向。

已知 A、B 点坐标，测得转折角 β_1、β_2，测得距离 D_{A1}、D_{12}、D_{2B}，求 1、2 点坐标。计算步骤如下：

1. 假设起始边方位角为 α_{A1}，则根据测得的边长和转角，可以推算出 B 点的假定坐标。

(1) 由 α_{A1} 推算 α_{12}、α_{2B}

$$\alpha_{前} = \alpha_{后} - 180° + \beta_{左}$$
$$\alpha_{前} = \alpha_{后} + 180° - \beta_{右}$$

(2) 推算终点 B 的假定坐标

$$x_{i+1} = x_i + \Delta x_{ii+1} = x_i + D_{ii+1}\cos\alpha_{ii+1}$$
$$y_{i+1} = y_i + \Delta y_{ii+1} = y_i + D_{ii+1}\sin\alpha_{ii+1}$$

2. 计算假定边长 D_{AB} 和假定方位角 α_{AB}。

根据 A 点的已知坐标和推算出的 B 点坐标，求得 A、B 两点的假定边长和假定方位角。

$$D'_{AB} = \sqrt{(x'_B - x_A)^2 + (y'_B - y_A)^2}$$
$$\alpha'_{AB} = \arctan\frac{\Delta y_{AB}}{\Delta x_{AB}} = \arctan\frac{y'_B - y_A}{x'_B - x_A}$$

3. 根据 A、B 两点的已知坐标计算真边长和真方位角。

$$D_{AB} = \sqrt{(x_B - x_A)^2 + (y_B - y_A)^2}$$
$$\alpha_{AB} = \arctan\frac{\Delta y_{AB}}{\Delta x_{AB}} = \arctan\frac{y_B - y_A}{x_B - x_A}$$

4. 计算真假边长比和方位角差。

$$K = D_{AB}/D'_{AB}$$
$$方位角差 = \alpha_{AB} - \alpha'_{AB}$$

5. 改正边长和方位角。

边长的改正：边长乘以系数 K，即为改正后的边长。

$$D'_{ii+1} = KD_{ii+1}$$

方位角的改正：假设的方位角加上方位角差值，即为改正后的方位角。

$$\alpha_{ii+1} = \alpha'_{ii+1} + 方位角差$$

6. 重新推算各点坐标。

根据改正后的方位角和边长推算各点坐标。

由于没有方向检核，无定向导线精度比附合导线低。无定向导线闭合到一个已知点上时只有一个坐标检核条件，因此只有在无起始边和无终点边，且两点不通视的情况下，才能采用无定向导线测量，一般情况下不建议采用此方法。

计算案例：

设 A 和 B 为已知的高级控制点，A 点坐标为（500，500），B 点坐标为（700，900），1 和 2 为待测点。转折角均为左角，测得 $\beta_1 = 90°$、$\beta_2 = 270°$，测得导线边 $A1$、12、$2B$ 的距离分别为 199.980 m、199.990 m、200.020 m。计算无定向导线中各点的坐标。

解：

1. 如果起始边方位角为 45°00′00″，则根据测得的边长和转角，可以推算出 B 点的假定坐标。具体计算如下：

$$\alpha_{A1} = 45°$$

$$x_1 = x_A + \Delta x_{A1} = x_A + D_{A1}\cos\alpha_{A1} = 500 + 199.980 \times \cos 45° = 641.407$$

$$y_1 = y_A + \Delta y_{A1} = y_A + D_{A1}\sin\alpha_{A1} = 500 + 199.980 \times \sin 45° = 641.407$$

$$\alpha_{12} = 45° + 90° - 180° + 360° = 315°$$

$$x_2 = x_1 + \Delta x_{12} = x_1 + D_{12}\cos\alpha_{12} = 641.407 + 199.990 \times \cos 315° = 782.821$$

$$y_2 = y_1 + \Delta y_{12} = y_1 + D_{12}\sin\alpha_{12} = 641.407 + 199.990 \times \sin 315° = 499.993$$

$$\alpha_{2B} = 315° + 270° - 180° - 360° = 45°$$

$$x'_B = x_2 + \Delta x_{2B} = x_2 + D_{2B}\cos\alpha_{2B} = 782.821 + 200.020 \times \cos 45° = 924.256$$

$$y'_B = y_2 + \Delta y_{2B} = y_2 + D_{2B}\sin\alpha_{2B} = 499.993 + 200.020 \times \sin 45° = 641.428$$

2. 计算假定边长和假定方位角。

根据 A 点的已知坐标和推算出的 B 点坐标，求得 A、B 两点的假定边长和假定方位角。

$$D'_{AB} = \sqrt{(x'_B - x_A)^2 + (y'_B - y_A)^2} = 447.208$$

$$\alpha'_{AB} = \arctan\frac{\Delta y_{AB}}{\Delta x_{AB}} = \arctan\frac{y'_B - y_A}{x'_B - x_A} = \arctan\frac{641.428 - 500}{924.256 - 500} = 18°26′10″$$

3. 根据 A、B 两点的已知坐标计算真边长和真方位角。

$$D_{AB} = \sqrt{(x_B - x_A)^2 + (y_B - y_A)^2} = \sqrt{(700-500)^2 + (900-500)^2} = 447.214$$

$$\alpha_{AB} = \arctan\frac{\Delta y_{AB}}{\Delta x_{AB}} = \arctan\frac{y'_B - y_A}{x'_B - x_A} = \arctan\frac{900-500}{700-500} = 63°26′06″$$

4. 计算真假边长比和方位角差。

$$K = D_{AB}/D'_{AB} = 447.214/447.208 = 1.000\,013\,4$$

$$方位角差 = \alpha_{AB} - \alpha'_{AB} = 63°26′06″ - 18°26′10″ = 44°59′56″$$

5. 计算改正边长和方位角。

边长的改正：边长乘以系数 K，即为改正后的边长。方位角的改正：假设的方位角加上方位角差值，即为改正后的方位角。具体计算如下：

$$D_{A1} = KD'_{A1} = 1.000\,013\,4 \times 199.980 = 199.983$$

$$D_{12} = KD'_{12} = 1.000\,013\,4 \times 199.990 = 199.993$$

$$D_{2B} = KD'_{2B} = 1.000\,013\,4 \times 200.020 = 200.023$$

$$\alpha_{A1} = 45° + 44°59′56″ = 89°59′56″$$

$$\alpha_{12} = 315° + 44°59′56″ = 359°59′56″$$

$$\alpha_{2B} = 45° + 44°59′56″ = 89°59′56″$$

6. 重新推算各点坐标。

根据改正后的方位角和边长推算各点坐标，具体计算如下。

$$x_1 = x_A + D_{A1}\cos\alpha_{A1} = 500 + 199.983 \times \cos 89°59'56'' = 500.004$$

$$y_1 = y_A + D_{A1}\sin\alpha_{A1} = 500 + 199.983 \times \sin 89°59'56'' = 699.983$$

$$x_2 = x_1 + D_{12}\cos\alpha_{12} = 500.004 + 199.993 \times \cos 359°59'56'' = 699.997$$

$$y_2 = y_1 + D_{12}\sin\alpha_{12} = 699.983 + 199.993 \times \sin 359°59'56'' = 699.979$$

$$x_B = x_2 + D_{2B}\cos\alpha_{2B} = 699.997 + 200.023 \times \cos 89°59'56'' = 700.000$$

$$y_B = y_2 + D_{2B}\sin\alpha_{2B} = 699.979 + 200.023 \times \sin 89°59'56'' = 900.002$$

引导问题 1：在地铁测量中经常会遇到定向附合边被破坏的情况，可以将无定向导线用于地铁实践，思考无定向导线相对附合导线有何优点。

答：

引导问题 2：无定向导线采用假设起始边坐标方位角的方法计算未知点坐标的步骤有哪些？

答：

实训 12：一级附合导线测量。

实训12-1一级附合
导线测量实训指导

实训12-2一级附合
导线测量实训报告

7-14附合导线测量

📺 **课后延学**

1. 以小组为单位，利用虚拟仿真资源学习闭合导线、附合导线相关知识，将仪器操作和内业计算相结合，融会贯通，以便熟练掌握图根导线的外业观测和内业计算。要求小组内成员团结协作、互相监督、共同进步。

2. 由班干部带头采访曾参与全国职业院校技能大赛的同学，可以请他们给全班来场交流会，给大家讲讲学习测量技能的心得体会和经验教训，让大家取长补短，更快更好的掌握技能。

思考与练习

选择题(单选):

1. 导线全长闭合差 f_D 的计算公式是( )。

　　A. $f_D = f_X + f_Y$　　　　　　　　　　B. $f_D = f_X - f_Y$

　　C. $f_D = \sqrt{f_X^2 + f_Y^2}$　　　　　　　D. $f_D = \sqrt{f_X^2 - f_Y^2}$

2. 用导线全长相对闭合差来衡量导线测量精度的公式是( )。

　　A. $K = M/D$　　　　　　　　　　　B. $K = 1/(D/|\Delta D|)$

　　C. $K = 1/(\sum D/f_D)$　　　　　　　D. $K = 1/(f_D/\sum D)$

3. 导线的坐标增量闭合差调整后,应使纵、横坐标增量改正数之和等于( )。

　　A. 纵、横坐标增量闭合差,其符号相同　　B. 导线全长闭合差,其符号相同

　　C. 纵、横坐标增量闭合差,其符号相反　　D. 导线全长闭合差,其符号相反

4. 导线的角度闭合差的调整方法是将闭合差反符号后( )。

　　A. 按角度大小成正比例分配　　　　　　B. 按角度个数平均分配

　　C. 按边长成正比例分配　　　　　　　　D. 按边长成反比例分配

判断题:

支导线是由已知点和已知方向出发,既不附合到另一已知点,又不回到原始点的导线。

　　　　　　　　　　　　　　　　　　　　　　　　　　　　　　( )

计算题:

已知 $\alpha_{AB} = 90°$, $x_B = 3\,065.347$ m, $y_B = 2\,135.265$ m,坐标推算路线为 $B \to 1 \to 2$,测得坐标推算路线的右角分别为 $\beta_B = 90°$, $\beta_1 = 270°$,水平距离分别为 $D_{B1} = 123.704$ m, $D_{12} = 98.506$ m,试计算1、2点的平面坐标。

任务三　学会交会测量

素质目标	1. 具备强烈的责任感和使命感; 2. 树立团队协作、吃苦耐劳的精神; 3. 树立精益求精的工匠精神
知识目标	1. 了解交会测量的适用条件; 2. 掌握前方交会的概念及计算方法; 3. 掌握后方交会的概念及计算方法
技能目标	1. 能通过查阅文献获取测量知识; 2. 能通过小组协作完成学习任务

课前导学

引导问题1：测量未知点坐标都是由已知点开始观测，结合前面已学知识，大家思考一下，什么情况下会用到交会测量？

答：

引导问题2：结合《测量标准》的规定，学习自由设站的步骤及要求与导线测量有哪些不同？

答：

课堂实施

子任务1：学会前方交会

在 A、B 两个已知点上设站，分别以 B、A 为后视方向，观测水平角 α、β，然后利用 A、B 的已知坐标和观测的水平角求待求点 P 坐标的过程及方法，称为角度前方交会，简称前方交会（图7-3-1）。

计算 P 点坐标的步骤如下。

分析：A、B 点为已知点，P 为待求点，使用坐标正算，需要计算 α_{AP}、D_{AP} 或 α_{BP}、D_{BP}。

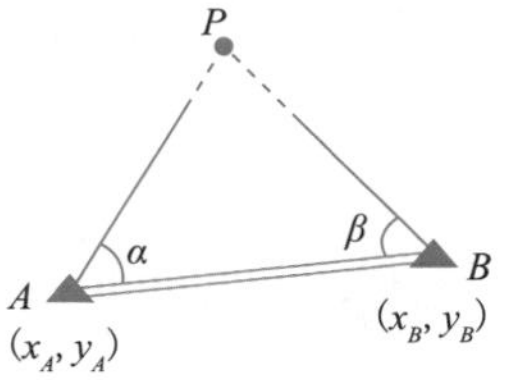

7-15前方交会

1. 由 A、B 点坐标反算距离 D_{AB} 和方位角 α_{AB}。

$$D_{AB} = \sqrt{(x_B - x_A)^2 + (y_B - y_A)^2} \tag{7-3-1}$$

$$\alpha_{AB} = \arctan \frac{\Delta y_{AB}}{\Delta x_{AB}} = \arctan \frac{y_B - y_A}{x_B - x_A} \tag{7-3-2}$$

图7-3-1 前方交会

2. 计算 AP 边的坐标方位角。

$$\alpha_{AP} = \alpha_{AB} - \alpha \tag{7-3-3}$$

3. 由正弦定理，计算边长 AP。

$$D_{AP} = \frac{\sin \beta}{\sin(\alpha + \beta)} D_{AB} \tag{7-3-4}$$

4. 利用坐标正算，并综合式(7-3-1)~式(7-3-4)，可得

$$x_P = x_A + D_{AP}\cos \alpha_{AP}$$
$$= x_A + \frac{\sin \beta}{\sin(\alpha + \beta)} D_{AB}\cos(\alpha_{AB} - \alpha)$$

$$= x_A + D_{AB}\sin\beta \frac{\cos(\alpha_{AB} - \alpha)}{\sin(\alpha + \beta)}$$

$$= x_A + D_{AB}\sin\beta \frac{(\cos\alpha_{AB}\cos\alpha + \sin\alpha_{AB}\sin\alpha)/\sin\alpha \cdot \sin\beta}{\sin(\alpha + \beta)/\sin\alpha\sin\beta}$$

$$= x_A + D_{AB} \frac{(\cos\alpha_{AB}\cot\alpha + \sin\alpha_{AB})}{\cot\beta + \cot\alpha}$$

$$= \frac{x_A\cot\beta + x_A\cot\alpha + \Delta x_{AB}\cot\alpha + \Delta y_{AB}}{\cot\beta + \cot\alpha}$$

$$= \frac{x_A\cot\beta + x_B\cot\alpha + \Delta y_{AB}}{\cot\beta + \cot\alpha}$$

$$= \frac{x_A\cot\beta + x_B\cot\alpha + (y_B - y_A)}{\cot\beta + \cot\alpha} \qquad (7\text{-}3\text{-}5)$$

同理：

$$y_P = \frac{y_A\cot\beta + y_B\cot\alpha + (x_A - x_B)}{\cot\alpha + \cot\beta}$$

利用公式(7-3-5)进行计算时，要注意△ABP是按逆时针进行排序的。

前方交会点的精度不仅取决于测量条件，还与图形结构相关，因此在确定 P 点位置时，要使 α、β 的角值在 30°～180°，避免出现过大或过小的角值。一般为避免粗差的产生，常利用 3 个以上的已知点进行交会，组成如图 7-3-2 所示的图形，以增加检核条件。分别按 A、B 两个已知点，B、C 两个已知点求 P 点坐标，如果两组坐标的点位较差在允许范围内，则求两者平均值作为 P 点坐标。对于图根控制测量而言，较差应不大于比例尺精度的 2 倍，即

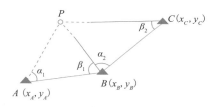

图 7-3-2　三个已知点的前方交会

$$e = \sqrt{\delta_x^2 + \delta_y^2} = \sqrt{(x_P' - x_P'')^2 + (y_P' - y_P'')^2} \leqslant 0.2M(\text{mm})$$

式中，δ_x、δ_y 为 P 点两组坐标之差；M 为测图比例尺分母。

计算案例：计算表 7-3-1 中的 P 点坐标。

表 7-3-1　前方交会坐标计算

略 图	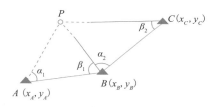		点号	x(m)	y(m)
		已知 数据	A	116.942	683.295
			B	522.909	794.647
			C	781.305	435.018
		观测 数据	α_1	59°10′42″	
			β_1	56°32′54″	
			α_2	53°48′45″	
			β_2	57°33′33″	
计算结果					

注：测图比例尺分母 M = 1000。

解： 利用已知点 A、B 及观测角 α_1、β_1 计算 P 点坐标

$$x'_P = \frac{x_A \cot \beta_1 + x_B \cot \alpha_1 + (y_B - y_A)}{\cot \beta_1 + \cot \alpha_1} = 398.152$$

$$y'_P = \frac{y_A \cot \beta_1 + y_B \cot \alpha_1 + (x_A - x_B)}{\cot \alpha_1 + \cot \beta_1} = 413.250$$

利用已知点 B、C 及观测角 α_2、β_2 计算 P 点坐标

$$x''_P = \frac{x_B \cot \beta_2 + x_C \cot \alpha_2 + (y_C - y_B)}{\cot \beta_2 + \cot \alpha_2} = 398.120$$

$$y''_P = \frac{y_B \cot \beta_2 + y_C \cot \alpha_2 + (x_B - x_C)}{\cot \alpha_2 + \cot \beta_2} = \frac{564.936}{1.3672} = 413.207$$

两组坐标较差：$e = \sqrt{\delta_x^2 + \delta_y^2} = \sqrt{(x'_P - x''_P)^2 + (y'_P - y''_P)^2} = 0.054 < 0.2M$

P 点最后坐标为：

$$x_P = \frac{x'_P + x''_P}{2} = 398.136$$

$$y_P = \frac{y'_P + y''_P}{2} = 413.229$$

计算结果如下：

(1) 由 Ⅰ 计算得 P 点坐标为 $x'_P = 398.152$，$y'_P = 413.250$。

(2) 由 Ⅱ 计算得 P 点坐标为 $x''_P = 398.120$，$y''_P = 413.207$。

(3) 计算两组坐标较差为 $e = \sqrt{\delta_x^2 + \delta_y^2} = 0.054 < 0.2$。

(4) 计算 P 点坐标为 $x_P = 398.136$，$y_P = 413.229$。

引导问题 1： 什么是前方交会?

答：

引导问题 2： 怎么利用前方交会计算坐标?

答：

子任务 2：学会后方交会

后方交会(图 7-3-3) 是指将仪器架在待定点上测量两个或两个以上已知点，求解待定点坐标的测量方法，后方交会又称自由设站。它可用于各等级控制网的加密及各类工程测量的临时设站或传递坐标的测量，也可用于独立工程控制网的建立与加密测量。

7-16 后方交会

目前，因为测距精度高、速度快，所以后方交会中大多采用边长交会的方式，但当精度要求较高时，也可采用边角同测的方法来定点。为保证测量成果的可靠性，通常使用多个已知点进行后方交会。后方交会既克服了测角交会存在危险圆的问题，又弥补了测边交

会的不足，点位选取更加灵活方便，因此它在工程测量中较为实用。

已知 A、B 为已知点，P 为待测点，在 P 点上架设全站仪，测量 A、B 两个目标，测得 PA、PB 的距离分别为 D_1、D_2，PA 和 PB 之间的水平角为 γ，计算 P 点坐标。

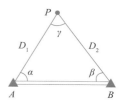

图 7-3-3　后方交会

1. 计算 AP 边的方位角

由正弦定理得

$$\frac{D_2}{\sin \alpha} = \frac{D_1}{\sin \beta} = \frac{D_{AB}}{\sin \gamma} \tag{7-3-6}$$

$$\alpha = \arcsin \frac{D_2 \sin \gamma}{D_{AB}}$$

$$\alpha_{AP} = \alpha_{AB} - \alpha \tag{7-3-7}$$

2. 计算 P 点坐标

$$\left. \begin{array}{l} x_P = x_A + D_1 \cos \alpha_{AP} \\ y_P = y_A + D_1 \sin \alpha_{AP} \end{array} \right\} \tag{7-3-8}$$

两个已知点的后方交会最终可以转化为用前方交会的计算式(7-3-5)进行计算。

后方交会的点位精度不仅与测角精度和测边精度有关，还与已知点形成的图形和面积及设站点与已知点形成的交会图形的形状和范围有关，增加已知点的个数，能提高设站点的点位精度，但过多增加已知点的数量对设站点精度的提高并不明显，一般设 3～4 个已知点。

图 7-3-4 为角度后方交会法测量，是三个已知点的后方交会，可以采用式(7-3-9)：

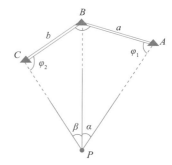

图 7-3-4　角度后方交会法测量

$$\left. \begin{array}{l} y_P - y_B = (x_P - x_B) \tan \alpha_{BP} \\ y_P - y_A = (x_P - x_A) \tan (\alpha_{BP} + \alpha) \\ y_P - y_C = (x_P - x_C) \tan (\alpha_{BP} - \beta) \end{array} \right\} \tag{7-3-9}$$

式(7-3-9)中有三个未知数，即 x_P、y_P、α_{BP}，解方程可以计算出这三个未知数，从而求出 P 点的坐标。此处略去推导过程，直接给出计算公式。

$$\tan \alpha_{BP} = \frac{(y_B - y_A) \cot \alpha + (y_B - y_C) \cot \beta + (x_A - x_C)}{(x_B - x_A) \cot \alpha + (x_B - x_C) \cot \beta - (y_A - y_C)} \tag{7-3-10}$$

$$x_P = \frac{(y_B - y_A) + x_A \tan (\alpha_{BP} + \alpha) - x_B \tan \alpha_{BP}}{\tan (\alpha_{BP} + \alpha) - \tan \alpha_{BP}} \tag{7-3-11}$$

$$\Delta y_{BP} = (x_P - x_B) \tan \alpha_{BP} \tag{7-3-12}$$

由 B 点坐标及式(7-3-12)计算出的 Δy_{BP} 计算 P 点坐标：

$$y_P = y_B + \Delta y_{BP} \tag{7-3-13}$$

实际计算时，可利用式(7-3-9)～式(7-3-13)，点号的顺序应与图 7-3-4 相一致，即 A、B、C、P 逆时针排列。A、B 间为 α 角，B、C 间为 β 角。为了检核，实际工作中常需要观测四个已知点，每次用三个已知点共组成两组后方交会，分别计算未知点的坐标，如果两组坐标的点位较差在允许范围内，则求两者平均值作为 P 点坐标。对于图根控制测量而言，较差应不大于比例尺精度的 2 倍，即

$$e = \sqrt{\delta_x^2 + \delta_y^2} = \sqrt{(x_P' - x_P'')^2 + (y_P' - y_P'')^2} \leqslant 0.2M(\mathrm{mm})$$

式中，δ_x、δ_y 为 P 点两组坐标之差；M 为测图比例尺分母。

注意：若采用角度后方交会法测量，如图 7-3-4 所示，则当 P 点和已知点在同一圆周上时，由圆的性质可知圆周上任意点与 A、B、C 组成的 α 角和 β 角的值相等，这导致 P 点的位置无法确定，此时这个圆称为危险圆。因此，前方交会时不应使待求点在危险圆附近，否则会导致无解。

计算案例：已知三个已知点 A、B、C 的坐标（表 7-3-2），在 P 点这个待测点上安置仪器，观测数据 $\alpha = 92°18'28''$，$\beta = 55°30'10''$，$\gamma = 127°13'30''$，计算 P 点坐标。

表 7-3-2　相关数据

坐标	$X(\mathrm{m})$	$Y(\mathrm{m})$
A	68 961.78	55 065.35
B	72 784.12	52 676.47
C	71 888.36	50 177.26
D	66 740.13	51 314.95

解：(1) 先由 A、B、C 三个已知点计算 P 点坐标，夹角为 α 和 β。

$$\tan \alpha_{BP} = \frac{(y_B - y_A)\cot\alpha + (y_B - y_C)\cot\beta + (x_A - x_C)}{(x_B - x_A)\cot\alpha + (x_B - x_C)\cot\beta - (y_A - y_C)} = 0.251\ 398$$

$$x_P' = \frac{(y_B - y_A) + x_A\tan(\alpha_{BP} + \alpha) - x_B\tan\alpha_{BP}}{\tan(\alpha_{BP} + \alpha) - \tan\alpha_{BP}} = 69\ 880.825\ \mathrm{m}$$

$$\Delta y_{BP} = (x_P - x_B)\tan\alpha_{BP} = -729.883\ \mathrm{m}$$

$$y_P' = y_B + \Delta y_{BP} = 51\ 946.587$$

(2) 由 B、C、D 三个已知点计算 P 点坐标，夹角为 β 和 γ。

$$\tan \alpha_{CP} = \frac{(y_C - y_B)\cot\beta + (y_C - y_D)\cot\gamma + (x_B - x_D)}{(x_C - x_B)\cot\beta + (x_C - x_D)\cot\gamma - (y_B - y_D)} = -0.881\ 545$$

$$x_P'' = \frac{(y_C - y_B) + x_B\tan(\alpha_{CP} + \beta) - x_C\tan\alpha_{CP}}{\tan(\alpha_{CP} + \beta) - \tan\alpha_{CP}} = 69\ 880.873\ \mathrm{m}$$

$$\Delta y_{CP} = (x_P - x_C)\tan\alpha_{CP} = 1\ 769.690\ \mathrm{m}$$

$$y_P'' = y_C + \Delta y_{CP} = 51\ 946.950\ \mathrm{m}$$

(3) 计算点位较差。

$$e = \sqrt{\delta_x^2 + \delta_y^2} = \sqrt{(x_P' - x_P'')^2 + (y_P' - y_P'')^2} = 0.37\ \mathrm{m} \leqslant 0.4\ \mathrm{m}$$

引导问题 1：什么是后方交会？

答：

引导问题2：怎么利用后方交会计算坐标？

答：

实训13：后方交会测量。

实训13-1后方交会　　实训13-2后方交会　　7-17后方交会
测量实训指导　　　　测量实训报告　　　　定点测量

课后延学

2020珠峰高程测量登山队成功登顶后，在珠峰大本营的珠峰高程起算点，自然资源部第一大地测量队队员利用全站仪等仪器对珠穆朗玛峰峰顶进行交会观测。

以小组为单位，学习自然资源部第一大地测量队对珠峰峰顶进行交会观测的案例，通过查找相关文献资料，了解珠峰交会测量的方法。

思考与练习

填空题：

常用交会定点方法有前方交会、侧方交会和_____。

选择题(单选)：

1. 在一个已知点和一个未知点上分别设站，向另一已知点进行观测的交会方法是(　　　)。

　　A. 后方交会　　　　B. 前方交会　　　　C. 侧方交会　　　　D. 无法确定

2. 前方交会、后方交会、侧方交会统称为(　　　)。

　　A. 测边交会　　　　B. 测角交会　　　　C. 三角交会　　　　D. 以上都不是

简答题：

1. 何为前方交会？

2. 何为后方交会？

知识加油站 --

侧方交会：

侧方交会是在已知控制点和待求点上测角，计算待求点坐标的方法，如图 7-3-5 所示，如果在已知点 A 或 B 和待求点 P 上分别观测 α、γ 或 β、γ，则可以计算出 β 角或 α 角，那么已知点上的角度即已知，就和前方交会的公式一样，按照前方交会的公式即可计算待求点的坐标。

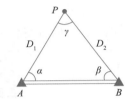

图 7-3-5　侧方交会示意

参考文献

[1]陈传胜，张鲜化. 控制测量技术[M]. 2 版. 武汉：武汉大学出版社，2024.

[2]郑爽. 测绘基础[M]. 天津：天津科学技术出版社，2021.

[3]张正禄. 工程测量学[M]. 3 版. 武汉：武汉大学出版社，2020.

[4]武汉测绘科技大学《测量学》编写组. 测量学[M]. 3 版. 北京：测绘出版社，2000.

[5]尹辉增. 工程测量[M]. 3 版. 北京：中国铁道出版社有限公司，2022.

[6]赵雪云，李峰. 测量学基础[M]. 北京：化学工业出版社，2008.

[7]李少元，梁建昌. 工程测量[M]. 北京：机械工业出版社，2021.

[8]张晓雅，李笑娜. 测量基础[M]. 北京：中国铁道出版社，2012.